普通高等学校生物技术专业系列教材

生物技术基础实验指导

主　编　　李翠香　　景红娟

副主编　　倪子富　　张高阳

编　委（按姓氏拼音排序）

范　沛　　黄　亮　　乔汉桢　　苏明慧

西南交通大学出版社

·成　都·

图书在版编目（CIP）数据

生物技术基础实验指导 / 李翠香，景红娟主编.

成都 ：西南交通大学出版社，2025. 7. -- ISBN 978-7
-5774-0512-4

Ⅰ．Q81-33

中国国家版本馆 CIP 数据核字第 2025M64D17 号

Shengwu Jishu Jichu Shiyan Zhidao

生物技术基础实验指导

主　编／李翠香　景红娟

策划编辑／罗俊亮　邱一平
责任编辑／赵永铭
责任校对／左凌涛
封面设计／GT 工作室

西南交通大学出版社出版发行

（四川省成都市金牛区二环路北一段 111 号西南交通大学创新大厦 21 楼　610031）

营销部电话：028-87600564　　028-87600533

网址：https://www.xnjdcbs.com

印刷：四川玖艺呈现印刷有限公司

成品尺寸　185 mm×260 mm

印张　12.25　字数　291 千

版次　2025 年 7 月第 1 版　　印次　2025 年 7 月第 1 次

书号　ISBN 978-7-5774-0512-4

定价　49.00 元

前言

生物技术专业是高等教育中专业性很强的理科专业，生物技术基础实验作为该专业实践教学中的重要组成部分，不仅有助于加深学生对理论知识的掌握和实验原理的理解，有助于提高学生的实验操作技能，而且对提升学生的综合分析、解决问题的能力，提升其团队协作能力，培养学生严谨的科学态度具有十分重要的作用。为适应"双一流"专业建设教学改革和发展的需要，河南工业大学生物技术基础实验教学组，在多年的实践教学经验和自编实验教材的基础上，参阅近几年国内外《植物生理学实验指导》《普通生物学实验指导》《植物学实验指导》《植物组织培养》等教材和其他文献资料，结合编写组的部分科研成果，在李翠香老师的主持下，集体编写了这本实验教材。

本书实验内容全面而系统，包括技能性实验、基础性实验、研究性和综合性实验三部分，涉及植物学、植物生理学、普通生物学和动物生理学 45 个实验。附录部分给出了植物组织培养常用的培养基配方、常用激素的配制和生物学常用缓冲液的配制方法等，以方便读者查阅。本教材可供综合性大学、师范院校和农林院校生物技术专业的本科生使用或参考，还可作为从事生物教学的老师、做相关研究的科研人员和研究生的参考用书。

本书在编写的过程中，借鉴了国内外近年来出版的一些相关的新教材和新文献，既注重收纳传统经典实验，又注意吸收近些年应用的新技术和新方法，力求实验内容文字简练，条理清晰。本书在编写和出版过程中得到了河南工业大学生物工程学院和西南交大出版社的大力支持，在此表示感谢。同时，也向书中所有参考文献的作者、洛阳文象科教仪器有限公司和新乡雨林教育表示感谢，向在教材编写过程中提供帮助的河南中药医科大学的苏秀红老师，河南牧业经济学院的武文一老师，河南工业大学的崔耀明老师和樊志琴老师，河南工业大学的郝晴语、聂阿真和刘晴雨等同学表示感谢。

本书实验 3、29、38、39、45 由河南工业大学景红娟编写；实验 4、9、10、11、12、44 由河南工业大学范沛编写；实验 1、2、5 由河南工业大学黄亮编写；实验 6、7、8 由河南工业大学乔汉桢编写；实验 13、14、15、16 由河南工业大学倪子富编写；实验 21、22、23、24、25 由河南工业大学苏明慧、李翠香编写；实验 41、42、43 和附录由河南工业大学张高阳编写，绪论和实验 17、18、19、20、26、27、28、30、31、32、33、34、35、36、37、40 由河南工业大学李翠香编写。全书由李翠香统稿和修改。所有显微图片除已经注明作者的，均由李翠香拍摄，倪子富修图。

　　本书在第一次校内印刷的基础上，对实验的内容和方法进行了完善和修改，也是对之前的教学进行总结。但限于编者的水平，再加上编写时间比较仓促，书中疏漏不足之处在所难免，恳请各位读者不吝赐教，以便后续修订不断完善。

编　者

2025 年 6 月

目　录

第三部分　研究性和综合性实验

绪 论

一、生物实验室守则

为了便于实验顺利进行，根据生物学实验的特点和实验室安全需要，提出以下要求：

（1）进入实验室，应保持安静，禁止饮食，禁止吸烟。

（2）每次实验前认真预习实验指导书、相关理论课讲授的内容以及老师要求的其他相关资料，明确实验目的、原理、方法和步骤及操作中的注意事项等。

（3）实验过程中严格遵守实验要求及操作规程，认真操作，培养从事科学研究工作的严谨态度。

（4）按时观察实验结果，以科学的态度认真完成实验报告，力求书面整洁、绘图真实、结论简洁准确。

（5）保持实验室的干净整洁，不要将用过的培养物、废纸、废液等随便乱扔乱倒，要放入指定垃圾桶或废液桶。如有菌液污染桌面或地面时，应该用75%酒精喷洒30 min后才能擦去。

（6）实验用过的菌种以及带有活菌的各种器皿，应经过高压灭菌后才能洗涤。

（7）在使用仪器、设备及玻璃器皿时，要认真小心，轻拿轻放，如有损坏，须做好登记，酌情予以赔偿。

（8）实验完毕，应将仪器、用具等放回原处，擦净桌面，收拾整齐，然后用肥皂洗干净双手，离开实验室前注意关好门、窗、灯、火、水、电等。

二、实验报告的撰写

1. 主要准则

实验报告是完全根据自己的实验过程撰写的，除小部分引用他人的文献之外，都必须是实验者本人真实的实验过程与结果的记录。

2. 实验报告的结构

下面大致描述了实验报告的一般结构与写法，但报告的格式由实验的内容来决定，并无统一的格式，只要写得合理、正确，均为好的实验报告。

（1）实验目的和要求。

简单描述实验的动机与目的。

（2）实验原理。

通过教材学习、老师讲解与实验的过程，认真理解本实验蕴涵的内在原理。

（3）实验材料和用品。

写出本次实验所用到的实验仪器、试剂、用具等物品。

（4）实验步骤。

请写出实际的实验步骤，完全记录下你的操作流程，而并非照抄讲义上的步骤。

（5）实验结果。

条理清晰地写出你的实验结果，如实陈述观察到的现象，实验数据要经过整理后做成图表以便分析，若重复尝试过多次实验，请做整理，只写出有意义的结果，但切勿遗漏重要的实验结果。

（6）实验结果分析与讨论。

由实验结果或观察得到的现象，进一步整理分析，说明由结果所透露出来的信息。若有与事实或已知不符的现象，请认真进行讨论或解释。

（7）注意事项。

在实验过程中如果有一些特别需要注意的地方，需要逐条列出。

三、实验仪器及设备基本操作规程

（一）TGL-20C 高速冷冻离心机使用方法及注意事项

1. 离心机的工作原理

离心就是利用离心机转子高速旋转产生的强大离心力，加快液体中颗粒的沉降速度，把样品中不同沉降系数和密度的物质分离开。

2. 操作程序

（1）插上电源，打开电源开关，红灯亮表示机器已接通电源，按停止键打开门盖。

（2）把样品等量放置在离心管内，并将其对称放入转头，切勿使转子在不平衡状况下运行。

（3）如需调整离心机的运行参数（时间、转子号、离心力和温度）先按移位键使所需调整的数码管闪烁，再按增减键调整，最后按确认键确认。

（4）按启动键启动机器，在运转过程中数码管显示设定的转子号、转速、时间的参数，当机器达到设定时间便自动刹车停机，并在停稳后有蜂鸣声提示，也可在运转中途直接按停止键，转头停稳后有 2 s 时间可打开门盖，超过 2 s 要打开门盖可按停止键。

（5）如在运转中突然停电，可使用应急拉杆往外拉即可打开门盖取出样品（应急拉杆在左手边）。

3. 制冷温度设定

（1）将机器插上电源后，打开离心机右面的电源开关，红灯亮表示机器已接通电源，即可调节所需温度。

（2）按移位键使温度数码管闪烁，按增减键调至所需温度，再按确认键进行确认后即可打开左面的制冷开关进行预冷。

4. 注意事项

（1）使用前必须仔细阅读操作程序和注意事项。

（2）使用时不要随意移动离心机，以免仪器不能正常运转。

（3）使用前检查转子上是否有伤痕，离心管是否有裂纹，转子是否放好，发现疑问应停止使用。实验完毕后，一定将转头和仪器内壁擦干净，以防仪器被腐蚀，用后开盖晾至内壁无水后方可盖上盖子。

（4）离心管必须等量灌注，使用前一定要用天平称量，离心管必须对角放置，严禁转子在不平衡状态下运转。

（5）不要在离心机盖子上放置任何物品，以免影响仪器的使用效果，不能在机器运转过程中或转子未停稳的情况下打开盖门。

（6）除运转速度和运转时间外，请不要随意更改机器的工作参数，以免影响机器的性能。

（7）离心机一次运行最好不要超过 60 min。

（8）离心前检查盖门是否盖好，合盖时用双手压盖子前两侧，然后抬一下看是否盖好。

（9）用完后关上机器开关（在右侧）和压缩机开关（在左侧），拔下电源插头。

（10）如果未能及时打开盖子，可将电源开关接通，然后打开盖门。

（11）使用时转子号与转子相对应，转速不超过规定范围。

（二）V-1100 可见分光光度计使用方法及注意事项

1. 分光光度计的工作原理

物质呈现特定的颜色，这是由于它们对可见光中某些特定波长的光线选择性吸收的缘故。物质对不同波长的光线表现不同的吸收能力，叫选择性吸收。各种物质对光线选择性吸收的性质，反映了它们分子内部结构的差异，即各种物质的内部结构决定了它们对不同光线的选择吸收。

朗伯-比耳（Lambert-Beer）定律是分光光度计的基本工作原理，它由朗伯定律和比耳定律合并而成。朗伯定律表明：如果溶液的浓度一定，则光对物质的吸收程度与它通过的溶液厚度成正比。比耳定律表明：如果吸光物质溶于不吸光的溶剂中，则吸光度和吸光物质的浓度成正比。朗伯-比耳定律的内容：当一束平行的单色光通过某一均匀的有色溶液时，溶液的吸光度与溶液的浓度和光程的乘积成正比。

$$A = \lg(1/T) = Kbc$$

式中，A 为吸光度；T 为透射比（透光度）；K 为摩尔吸光系数，它与吸收物质的性质和入射光的波长有关；c 为吸光物质的浓度，单位为 $mol \cdot L^{-1}$；b 为吸收层厚度，单位为 cm。

V-1100 可见分光光度计是根据相对测量原理工作的，即用某一溶剂（蒸馏水、空气或乙醇等）作为参比溶液，并设定它的透过率为 100%，而被测样品的透过率是相对于该参比溶液而得到的。

2. V-1100 分光光度计的使用

（1）键盘的使用说明。

MODE 键是用来切换 A（吸光度）、T（透射比）、C（浓度）、F（斜率）的值，指示灯亮的位置就表示切换到的位置。

PRINT 该键在输出数据时用于确认打印。

▼/0% 该键具有两个功能

① 校零：只有指示灯在 T 状态时有效，将黑体拉入光路，按该键后显示 000.0。

② 下降键：只有指示灯在 F 状态处时有效，按该键 F 值会自动减 1，若按住该键不放，F 值一直递减，直至 0，再按该键变为 1999 再递减。

▲/100% 该键具有三个功能

① 在 A 状态时，关闭样品室盖，按该键后显示 000.0。

② 在 T 状态时，关闭样品室盖，按该键后显示 100.0。

③ 上升键：只有在 F 状态时有效，按该键 F 值会自动加 1，若按住该键不放，F 值一直递增，直至 1999，再按该键变为 0 再递增。

（2）测吸光度。

先将波长调至所需要的波长位置，按 MODE 键切换到 T 状态，将黑体拉入光路，按 ▼/0% 键校零，再按 MODE 键切换到 A 状态，将参比液放入光路中，按 ▲/100% 键调零，再将待测液依次拉入光路中，即可得出待测液的吸光度。

3. 注意事项

（1）仪器在连接电源时，应检查电源电压是否正常，接地线是否可靠，在得到确认后方可接通电源使用。

（2）在开机之前，需先确认仪器样品室内是否有物品挡在光路上，样品架是否定位好。

（3）仪器的预热以及判定仪器是否能正常使用。

接通电源后，最好预热 20 min 后使用，这样确保读出的数据更可靠。

若是新仪器，预热半个小时后，在 T 或 A 状态下观察仪器是否稳定，若稳定可正常使用。一般在 T（A）状态下出现 99.9（0.001）、100.0（0.000）、100.1（−0.001）来回跳动或小幅度的末位数字连续跳动，属于正常现象，因为此款仪器显示的是真值，灵敏度相对较高。

若仪器长期未用，预热时间相对长一些，同时在使用前，应观察其稳定性，要求与上述新仪器一样。

（4）仪器使用前应对所用的比色皿进行配对处理，因为它能直接影响到您的测试结果。公司所标配的原装比色皿都是经过配对测试的，一般差值应控制在 0.2%T 以内。

比色皿的透光表面，不能有指印或未洗净的残留痕迹。所盛液体不超过总体积的 2/3。

（5）注意待测溶液的浓度是否在仪器的测量范围内，建议将溶液配制成吸光度在 0.09 ~ 0.9 范围内，因为这样测出的数据更准确。

（三）LDZX-50KBS 系列高压灭菌锅使用方法及注意事项

1. 高压灭菌锅的工作原理

利用高温高压的条件，将容器中的物品加热至高温，保持一段时间，达到灭菌的效果。

2. 操作程序

开盖—通电—加水—堆放—密封—设定温度与时间—灭菌—启盖。

（1）旋转锅顶部的手柄，将锅盖升起，拉杆向后右方推，打开锅盖。

（2）先插上电源，然后打开电源开关 ON，此时欠压蜂鸣器响，显示锅内无压力。检查灭菌锅，如果显示板处于 HIGH 指示灯亮，不用再加水，如果 HIGH 指示灯不亮，加入蒸馏水直至灯亮为止，若加水过多溢至内胆中时，应开启下面排水阀放出多余的水。

（3）将需要灭菌的物品依次堆放在灭菌筐内，各包之间应留有一定的间隙，这样有利于蒸汽的穿透，提高灭菌效果。堆放灭菌包时应注意安全阀放汽孔的位置，不允许任何物品堵塞放汽孔，必须保障其畅通放汽，否则因安全阀放汽孔堵塞未能泄压，易造成锅体爆裂事故。

（4）将横梁推向左立柱内。注意横梁必须全部推入立柱槽内，以确保手动保险自动下落锁住横梁。将手轮向左旋转数圈，使锅盖向下压紧锅体，加力使锅盖与锅体充分闭合，以确保密封开关处于接通状态。当联锁灯（绿灯）亮时，显示容器密封到位。

（5）按确定键开启设定窗内数显调整块，观察到绿色数显闪烁表示可以进行设定了，按确定键，显示屏上温度值闪动，此时按▲或▼键设置温度；温度调好后，按设定键，显示屏时间值闪动，此时按▲或▼键设置时间，按确定键确定。一般培养基 121 ℃灭菌 20 min，蒸馏水灭菌 30 min。

（6）设定好程序后，灭菌锅将直接启动，控制面板上的加热灯（绿灯）亮，显示灭菌室内正在正常加热升温升压，温度升高达到 100 ℃时，放汽 5 min 后将放气阀关闭，当压力升至 0.15 MPa (121 ℃)时，灭菌锅自动切断电源，此时开始计时，并在控制面板上的设定窗内显示出所需灭菌的时间。

（7）达到规定的灭菌时间后，关闭电源，让灭菌锅自然冷却。当压力指针降至 0 Mpa 时，打开放气阀，蒸气放完后开启锅盖，取出物品，再将锅盖盖好，关闭电源开关，拔下插头。

3. 注意事项

（1）高压灭菌锅使用前要用蒸馏水加到水位线；

（2）加水应加蒸馏水，以免灭菌锅结垢；

（3）开盖时请确定压力表显示压力为 0 MPa，以免烫伤；

（4）启动后请勿强行中止；

（5）灭菌完毕后请及时取出自己的物品，关闭电源开关。

（四）FPG 型光照培养箱的使用方法及注意事项

1. 光照培养箱的使用

打开电源开关，此时循环指示灯亮，电机运转，液晶窗口显示正常运转的时段，按"功能"键进入功能选择状态，显示：

```
选择：1. 用户参数设定
      2. 系统参数设定
```

且有一项选择闪烁，若不想进行设定，按"功能"键退出选择状态，回到运行状态。若用户选择 1.用户参数设定，按一下"确认"键则进入参数设定状态。

待设定的参数闪烁，用户可通过"左移""右移"键选择本段待设定的参数，通过"加，减"可修改参数值；若用户选择 NEXT，按下"确认"键，则进入下一段设定，若用户选择 EXIT，按下"确认"键，则退出参数设定，回到功能选择状态。若用户需用 N 段参数运行，则将第 N+1 段的时间参数设置成 00 即可，再选择 NEXT，按一下"确认"键，设置结束，回到运行状态，培养箱即按设置的参数自动运行。

```
第 1 段设定值：
时间：×× 　　　　　 温度：××%RH
温度：××.× 　　　　 光照：××%
　　　NEXT 　　　　　 EXIT
```

若用户选择"2.系统参数设定"，按一下"确认"键则进入参数设定状态，此处设定为出厂设置，一般不用重新设定，所以设定过程省略。

2．注意事项

（1）本设备落地后，如地面不平应以垫平。箱壁和设备表面要经常擦拭，以保持清洁。

（2）本设备在正常运行时，培养物品四周应留存一定空间保持工作室内气流畅通，关好箱门。

（3）设备的搬动要平行移动，任一方向倾斜角应小于45°。

（4）设备长期不用，应关上开关，拔掉电源线，以防止设备带电伤人，并定期（一般一季度）按使用条件运行2～3天，以驱除电气部件的潮气，避免损坏有电器件。

（五）DZF-系列真空干燥箱使用方法及注意事项

1．真空干燥箱的工作原理

真空干燥箱的工作原理是利用真空泵进行抽气抽湿，使工作室内形成真空的状态，降低水的沸点，加快干燥的速度。真空干燥箱专为干燥热敏性、易分解和易氧化物质而设计。它可以向内部充入惰性气体，特别是一些成分复杂的物品也能进行快速干燥。工作原理的步骤：

（1）抽气抽湿：通过真空泵将工作室内空气抽出，形成室内真空状态，降低水的沸点。

（2）加热干燥：利用加热系统对物料进行加热，使物料中的水分快速蒸发。

（3）水分抽走：通过真空泵将蒸发出的水分及时抽走，避免在干燥箱内壁凝结。

（4）温度控制：采用智能化数字温度调节仪进行温度的设定、显示与控制，确保工作室内温度恒定。

（5）惰性气体保护：可以向真空干燥箱内充入惰性气体，防止物料在干燥过程中发生氧化反应。

真空干燥箱特别适合于不耐高温、在高温下易于氧化的物料或干燥时容易产生粉末物料的干燥。通过降低水的沸点，加快干燥速度，同时避免了高温对物料造成的损害。

2．真空干燥箱的使用

（1）打开真空干燥箱电源，此时电源指示灯亮，控温仪经5s通电自检后自动进入工作模式，即PV屏显示工作室内测量温度，SV屏显示出厂时设定的温度。此时AT灯亮，当PV<SV时，HEAT灯亮，表示仪表进入升温的工作状态。

（2）修改设定温度及时间

按一下SET键，PV屏显示"SP"，SV屏显示出厂时设定的温度。可用箭头按钮进行设定，将SV屏设置为所需要的工作温度。修改完毕后，再按一下SET键，PV屏显示

"ST"字符，设定定时时间。再按一下 SET 键，使 PV 屏显示工作室温度，SV 屏显示新的设定温度。仪表 AT 及 HEAT 灯亮，此时仪表重新进入升温的工作状态。

（3）当物品干燥完毕后，关上电源，则打开放气阀使真空度为 0，待 5 min 左右再打开箱门。（解除真空后，如密封圈与玻璃门吸紧变形，不易立即打开箱门，经过一段时间后，等密封圈恢复原形后，才能方便开启箱门。）

3. 注意事项

（1）每次使用结束后，应关闭电源，打开平衡口，待真空度回零后打开箱门（如遇打不开请等待 5 分钟后再开，硬扳会造成门把手的损坏）。

（2）使用过程中，对真空泵而言，以"先开后关"为原则，即在工作时先开真空泵后开真空阀，而在结束工作前应先关闭真空阀，再关闭真空泵电源，以防止真空泵油倒灌至箱内。

（3）取出被干燥物品时，请千万注意，以免烫伤。

（4）为防止干燥的物品在干燥后变为重量轻，体积小（为小颗粒状）的物品或尘埃，在抽真空的过程中经抽气口进入而损坏真空泵（或电磁阀），本产品在工作室内底部抽真空处加有过滤网，请用户经常拔出加以清洗，以免影响抽气效果。

（5）真空箱与真空泵之间最好跨过滤器，以防止潮湿气体进入真空泵。

（6）门封条老化失去弹性会导致箱内不密封，一般半年换一次，或长期用 100 ℃以上温度应缩短周期。

（六）WYA-2WAJ 阿贝折射仪的使用方法及注意事项

1. 工作原理简述

折射仪的基本原理即为折射定律：$n_1 \sin\alpha_1 = n_2 \sin\alpha_2$。其中，$n_1$，$n_2$ 为交界面两侧的两种介质的折射率，α_1 为入射角，α_2 为折射角。

若光线从光密介质进入光疏介质，入射角小于折射角，改变入射角可以使折射角达到90°，此时的入射角称为临界角（见图 0-1），本仪器测定折射率就是基于测定临界角的原理。在阿贝折射仪中，通过调节仪器使得入射光线达到最强，然后转动色散手轮使目镜视场出现明暗两部分，二者之间有明显的分界线，即为临界角的位置，这时从望远镜即可在标尺上读出液体的折射率（见图 0-2）。阿贝折射仪的构造如图 0-3 所示。

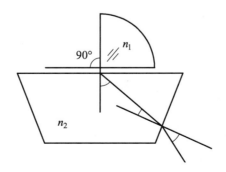

图 0-1　阿贝折射仪的工作原理

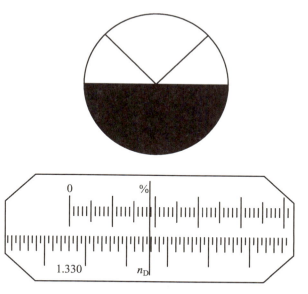

图 0-2　阿贝折射仪望远镜显示刻度

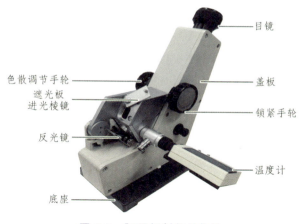

图 0-3　阿贝折射仪的构造

2. 技术参数

均一物质的折射率，是物质的重要物理常数之一。通过测量物质的折射率来鉴别物质的组成，确定物质的纯度、浓度及判断物质的品质的分析方法称为折射法。折射率刻度范围 1.3000 ～ 1.7000，测量精确度 ± 0.000 3，可测糖溶液的浓度范围为 0 ～ 95%（相当于折射率为 1.333 ～ 1.531），测定温度为 10 ～ 50 ℃内的折射率。

3. 影响折射率测定的因素

物质的折射率因光的波长而异，波长较长折射率较小，波长较短折射率较大。测定时通常采用钠黄光线（$\lambda = 589.3$ nm）作为光源。当光线经过棱镜和样品溶液发生折射时，因各色光的波长不同，折射程度也不同，折射后分解成为多种色光，这种现象称为色散。光的色散会使视野明暗分界线不清，产生测定误差。为了消除色散，在阿贝折射仪观测镜筒的下端安装了色散补偿器来消除色散。

溶液的折射率随温度而改变，温度升高折射率减小，温度降低折射率增大。折射仪上的刻度是在标准温度 20 ℃下刻制的，所以测定温度不在标准温度下时测定结果要进行温度校正。超过 20 ℃时，加上校正数，反之则减去。折光率的表达方式：如 nD22 表示测定温度为 22 ℃，光源为钠光。

4. 阿贝折射仪的使用

（1）取出阿贝折射仪，放置于光源较好的操作台上，用脱脂棉蘸取无水乙醇擦拭折光镜抛光面、进光镜毛面、标准试样抛光面，以免其他物质影响成像清晰度。

（2）在开始测定前，必须先用蒸馏水或标准试样校对读数。如用蒸馏水则对折射棱镜的抛光面加 1~2 滴蒸馏水，再盖上进光棱镜，手轮锁紧，当读数视场指示于蒸馏水在该温度下的标准值时，观察望远镜内明暗分界线是否在十字交叉线中间，若有偏差则用螺丝刀微量旋转目镜下方小孔内的螺钉，带动物镜偏摆，使分界线象位移至十字线中心，通过反复地观察与校正，使示值的起始误差降至最小（包括操作者的瞄准误差）。校正完毕后，在以后的测定过程中不允许再随意动此部位。

（3）测定透明、半透明液体。

① 被测液体用干净胶头滴管加在折射棱镜表面，并将进光棱镜盖上，用手轮锁紧，要求液层均匀，充满视场，无气泡。

② 打开遮光板，合上反射镜，调节望远镜视场，使十字线成像清晰。

③ 旋转手轮并在望远镜视场中找到明暗分界线的位置。

④ 再旋转消色散手轮使分界线不带任何彩色，微调手轮，使分界线位于十字线的中心。

⑤ 再适当转动聚光镜，此时目镜视场下方显示值即为被测液体的折射率。如：显示值应为上排读数 0~100%（百分比浓度）、下排 1.330~1.7（折射率）。

⑥ 从望远镜中读出刻度盘上的折射率数值，并记下温度。常用的阿贝折射仪可读至小数点后的第四位，为了使读数准确，一般应将试样重复测量三次，每次相差不能超过 0.000 2，然后取平均值。

5. 注意事项

（1）使用时要注意保护棱镜，清洗时只能用擦镜纸而不能用滤纸等。加试样时不能将滴管口接触镜面。对于酸碱等腐蚀性液体不得使用阿贝折射仪。

（2）每次测定时，试样不可加得太多，一般只需加 1~2 滴即可。

（3）要注意保持仪器清洁，保护刻度盘。每次实验完毕，要在镜面上加几滴无水乙醇，并用擦镜纸擦干。最后用两层擦镜纸夹在两棱镜镜面之间，以免镜面损坏。

（4）读数时，有时在目镜中观察不到清晰的明暗分界线，而是畸形的，这是由于棱镜间未充满液体；若出现弧形光环，则可能是由于光线未经过棱镜而直接照射到聚光透镜上。

（5）若待测试样折射率不在 1.3~1.7 范围内，则阿贝折射仪不能测定，也看不到明暗分界线。

（七）FE38 电导率仪的使用方法及注意事项

1. 仪器组成及工作原理

电导率仪结构：由电导电极、温度感应器、电子单元组成（见图 0-4）。

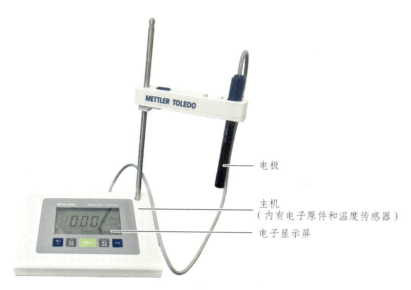

电极

主机
（内有电子原件和温度传感器）

电子显示屏

图 0-4　电导率仪的构造

溶解于水的酸、碱、盐电解质，在溶液中解离成正、负离子，使电解质溶液具有导电能力，其导电能力大小可用电导率表示。电导率是电阻率的倒数，$\sigma = 1/\rho$。其定义是电极截面积为 1 cm²，电极间距离为 1 cm 时该溶液的电导值。一般情况下，溶液的电导率是指 25 ℃时的电导率。

在国际单位制中，电导率的单位是西门子/米（S/m），其他单位有：S/cm，mS/cm，μS /cm。

2. FE38 电导率仪的使用方法（需配 200 mS/cm 的电极）

（1）接通电源，打开电导率仪的电源，进行预热，通常需要 30 min。

（2）确认设置的电极常数和电极上的电极常数一致，用纯净水擦干电极。将电极放在校准液中进行校准，校准液的温度应控制在（25±0.5）℃范围内。

（3）如果显示值在 1 200 ～ 1 450 μs/cm，则证明电极状态良好，可以直接使用，否则不可用。

（4）将校准后的电极放入待测样品中进行测量，并充分润湿电极。待测样品温度也应保持在 25 ℃范围内。待数据稳定后读数。使用完毕后，将电极用去离子水清洗干净。如果 30 min 内不再使用，应关闭电源。

（5）重复测定两次，要求平行测定的相对偏差不大于 3%。如果连续两次清洗后校准仍不在规定范围内，则需更换新电极。

3. 电导率仪使用时的注意事项

（1）在开机状态下禁止插拔仪器电极，避免影响仪器性能。

（2）保持电机引线和仪器后部的连接插头清洁，以确保测量准确性。

（3）对于高纯水样品，应迅速进行测量，因为空气中的二氧化碳会溶解入水样中，生成导电性能较强的碳酸根离子，导致电导率上升，影响测量准确性。

（4）电极的使用对测量准确性有重要影响，测试时应确保电极完全浸入被测溶液中。

（5）定期对电极进行清洁和检查，必要时进行清洗、更换。

（6）避免电极与硬物碰撞，因为电极头由薄片玻璃制成，容易损坏。

（7）确保仪表安放于干燥环境中，防止因受潮引起漏电或测量误差。

（8）电极不可分解或改变形状和尺寸，不可用强酸、强碱清洗，以免影响测量准确性。

（9）定期对电极进行常数标定，以保证测量准确度。

（10）根据被测溶液的电导率选择合适的电极和测量范围。对于电导率低于 0.3 μS/cm 的溶液，使用 DJS-0.1 型电极，并相应调节电极常数补偿调节器。

（11）在使用前，应使用去离子水冲洗电极 2～3 次。

（八）洁净工作台的常规使用方法及注意事项

1. 洁净工作台工作原理

在特定的空间内，室内空气经洁净工作台预过滤器初滤，由风机压入静压箱，再经空气高效过滤器二级过滤，从出风面吹出的洁净气流，以均匀的气流流速流经工作区，可以排除工作区原来的空气，从而形成无菌、高洁净的工作环境。

2. 洁净工作台的常规使用方法

（1）开机时先插上电源，打开开关后，将玻璃门抬起，用 75% 乙醇把台面擦拭干净，所用物品全部放入台面上，然后关上玻璃门，打开紫外灯，灭菌 30 min。

（2）关上紫外灯后，打开风机 10 min 后操作人员再进入操作间。

（3）实验操作结束后，清理工作台面，盖上酒精灯，保持超净台整洁，不要堆积杂物。

（4）打开紫外灯灭菌 30 min，关闭电源，拔下插头，做好使用记录。

（5）根据实际使用情况定期做无菌试验，以测定超净工作台是否符合无菌要求。

3. 使用中的注意事项

（1）本仪器严禁在易燃易爆环境下使用。

（2）本产品应置于平整的地面上，远离有外界气流干扰的区域。

（3）开紫外灯时操作人员勿进入操作区。

（4）本产品台面勿用有机溶剂擦拭。

注：如实验用仪器型号有变动，按实际使用仪器来讲解使用方法和注意事项。

第一部分

技能性实验

实验 1
光学显微镜的使用与植物徒手切片法

一、实验目的

（1）掌握光学显微镜的基本构造和功能，学会正确使用显微镜，详细了解使用过程中的注意事项。

（2）学习植物材料的徒手切片法。

二、实验原理

（1）显微镜有光学显微镜和非光学显微镜两大类。显微镜不仅应用于生物学领域，在医学、物理学、化学等领域的应用也很广泛，已经成为人们了解微观世界必不可少的工具。光学显微镜能把微小的细胞或物体放大来观察生物体的结构，是利用透镜成像的原理。首先利用光源将可见光投射到聚光器中，把光线汇聚成束，穿过生物切片，进入物镜的透镜上，因此所观察的切片要很薄（一般为 8～10 μm），光线才能穿透切片，经过物镜将切片上的结构放大为倒立的实像，这一倒立的实像经过目镜的放大，映入人眼，成为放大的倒立的虚像。如图 1-1 所示。

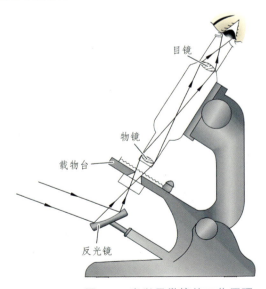

图 1-1　光学显微镜的工作原理

显微镜的分辨率是由所用光波长短和物镜数值孔径决定的，缩短使用的光波波长或增加数值孔径可以提高分辨率，可见光的光波幅度比较窄，紫外光波长短可以提高分辨率，但不能用肉眼直接观察。所以利用减小光波长来提高光学显微镜分辨率是有限的，提高数值孔径是提高分辨率的理想措施。要增加数值孔径，可以提高介质折射率，当空气为介质时折射率为 1，而香柏油的折射率为 1.51，和玻片玻璃的折射率（1.52）相近，这样光线可以不发生折射而直接通过玻片、香柏油进入物镜，从而提高分辨率。

光学显微镜分辨率由于受照射光线波长的限制，理论上其最小分辨率为 0.2 μm，实际能清晰看到的最小物体直径约为 0.5 μm 大小，因此，在本实验中只能看清细胞的一些主要结构。

（2）徒手切片法是指用手拿刀片把新鲜植物材料切成薄片，徒手切片法所作的切片通常不经染色或经简易的染色后，封藏于水中即可观察，但也可制成永久制片。

三、实验用品

（1）材料：植物幼茎或叶柄、植物叶片、胡萝卜等。

（2）器具：光学显微镜、载玻片、盖玻片、解剖刀、刀片、滴管、解剖针、镊子、吸水纸、擦镜纸。

（3）试剂：常用染色剂、香柏油、二甲苯。

四、实验方法和步骤

（一）普通光学显微镜的使用方法

1. 普通光学显微镜的结构

主要分为三部分：机械系统、照明系统和光学系统。

（1）机械系统（见图 1-2）。

机械系统是显微镜的重要组成部分。其作用是固定与调节光学镜头，固定与移动标本等。

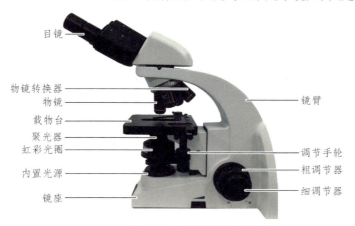

目镜

物镜转换器
物镜
载物台
聚光器
虹彩光圈
内置光源
镜座

镜臂

调节手轮
粗调节器
细调节器

图 1-2　光学显微镜的结构

① 镜座：是显微镜的底座，用以支持整个镜体。

② 镜柱：是镜座上面直立的部分，用以连接镜座和镜臂。

③ 镜臂：是取、放显微镜时手握部位，支撑镜筒和载物台。

④ 镜筒：连在镜臂的前上方，镜筒上端装有目镜，下端装有物镜转换器。镜筒分为

固定式和可调节式两种。机械筒长（从目镜管上缘到物镜转换器螺旋口下端的距离称为镜筒长度或机械筒长）不能变更的叫作固定式镜筒，能变更的叫作调节式镜筒，新式显微镜大多采用固定式镜筒，国产显微镜的镜筒长度通常是 160 mm。

⑤ 物镜转换器（旋转器）：是装在镜筒下端的圆盘，可作圆周转动，盘上有 3～4 个螺口，上面安装有不同倍数的物镜，转动转换器，可以调换不同倍数的物镜，当听到叩碰声时，方可进行观察，此时物镜光轴恰好对准通光孔中心，光路接通。

⑥ 载物台：放置标本的平台，中央有一个通光孔，镜台上装有玻片标本推进器（推片器），推进器左边有压片夹，用以固定标本，载物台下有推进器调节轮，可使玻片标本作左右、前后方向的移动。

⑦ 调节器：是装在镜柱上的大小两种螺旋，调节时使镜台作上下方向的移动。

a. 粗调节器：大螺旋称粗调节器，每旋转一周，可使镜筒升降 10 mm。通常在使用低倍镜时，先用粗调节器迅速找到物象。

b. 细调节器：小螺旋称细调节器，每旋转一周，可使镜筒升降 0.1 mm。多在运用高倍镜时使用，从而得到更清晰的物像，并借以观察标本的不同层次和不同深度的结构。

（2）光学系统。

① 目镜：装在镜筒的上端，其作用是将物镜放大所成的像进一步放大，便于观察。通常备有 2～3 个目镜，上面刻有 5×、10×或 15×符号以表示其放大倍数，一般装的是 10× 的目镜。

② 物镜：装在镜筒下端的转换器上，由数组透镜组成，物镜的作用是将标本第一次放大成倒像。透镜的直径越小，放大倍数越高。一般有 3-4 个物镜，其中最短的刻有"4×""10×"符号的为低倍镜，较长的刻有"40×"符号的为高倍镜，最长的刻有"100×"符号的为油镜，此外，在高倍镜和油镜上还常加有一圈不同颜色的线，以示区别。

A. 物镜的分类（见图 1-3）。

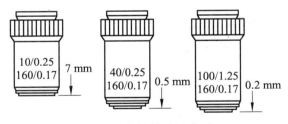

图 1-3　物镜镜头的类型

物镜根据使用条件的不同可分为干燥物镜和浸液物镜；其中浸液物镜又可分为水浸物镜和油浸物镜（常用放大倍数为 90～100 倍）。根据放大倍数的不同可分为低倍物镜（10 倍以下）、中倍物镜（20 倍左右）和高倍物镜（40～65 倍）。根据像差矫正情况，分为消色差物镜（常用，能矫正光谱中两种色光的色差的物镜）和复色差物镜（能矫正光谱中三种色光色差的物镜，价格贵，使用少）。

B. 物镜主要参数。

物镜主要参数包括：放大倍数、数值孔径和工作距离。

a. 放大倍数是指眼睛看到像的大小与对应标本大小的比值。它指的是长度的比值而不是面积的比值。例：放大倍数为 100×，指的是长度是 1 μm 的标本，放大后像的长度是

100 μm，要是以面积计算，则放大了 10 000 倍。显微镜的总放大倍数等于物镜和目镜放大倍数的乘积。如物镜为 10×，目镜为 10×，其放大倍数就为 10×10 = 100。

b. 数值孔径也叫镜口率，简写 NA 或 A，指盖玻片与物镜间介质的折射率 n 与镜口角（α）一半的正弦值的乘积。用公式表示为：

$$NA = n \sin (\alpha/2)$$

因此，光线投射到物镜的角度越大，显微镜的效能就越大，该角度的大小取决于物镜的直径和焦距。

显微镜的分辨率是指显微镜能够辨别两点之间最小距离的能力。它与物镜的数值孔径成正比，与光波长度成反比。因此，物镜的数值孔径愈大，光波长度愈短，则显微镜的分辨率愈大，被检物体的细微结构也愈能区别。用数值孔径为 0.65（高倍镜）的物镜观察物体时，分辨率为 0.42 μm，而两点距离在 0.42 以下的就分辨不出，即使使用倍数更高的物镜，增加显微镜的总放大率，也仍然分辨不出。只有改用数值孔径更大的物镜，增加分辨率才行。所以，显微镜的放大倍数与其分辨率是有区别的。一个高的分辨率意味着一个小的分辨距离，二者成反比关系。

能辨别两点之间的最小距离 = (1/2 光波长度)/数值孔径

干燥物镜的数值孔径为 0.05 ~ 0.95，油浸物镜（香柏油）的数值孔径为 1.25。各物镜的镜口率如表 1-1 所示。

表 1-1 物镜的镜口率和工作距离

物镜	镜口率/（N.A）	工作距离/mm
4x	0.13	12.31
10x	0.25	6.5
40x	0.65	0.49
100x	1.25	0.13

注：不同型号的光学显微镜工作距离不同，表中数值仅供参考。

油镜镜头的焦距短、镜口角小，因而其数值孔径愈高，光波就愈短，则所能分辨的物体愈小。

c. 工作距离是指当所观察的标本最清楚时，物镜的前端透镜下面到标本的盖玻片上面的距离。物镜的工作距离与物镜的焦距有关，物镜的焦距越长，放大倍数越低，其工作距离越长。例：10 倍物镜上标有 10/0.25 和 160/0.17，其中 10 为物镜的放大倍数；0.25 为数值孔径；160 为镜筒长度（单位 mm）；0.17 为盖玻片的标准厚度（单位 mm）。10 倍物镜有效工作距离为 6.5 mm，40 倍物镜有效工作距离为 0.49 mm，不同型号光学显微镜的工作距离会有所不同。

（3）照明系统。

照明系统装在镜台下方，包括集光器、内置光源。

集光器（聚光器）位于镜台下方的集光器架上，由聚光镜和光圈组成，其作用是把光线集中到所要观察的标本上。

①聚光镜：由一片或数片透镜组成，起汇聚光线的作用，加强对标本的照明，并使光线射入物镜内，载物台下方左侧有一调节螺旋，转动它可升降聚光器，以调节视野中光亮

度的强弱。

②光圈（虹彩光圈）：在聚光镜下方，由十几张金属薄片组成，其外侧伸出一柄，推动它可调节其开孔的大小，以调节光亮度。

内置光源位于镜座最下方。

2. 显微镜的使用方法

（1）低倍镜的使用方法。

① 取镜和放置：显微镜平时放在实验柜中，用时从柜中取出，右手紧握镜臂，左手托住镜座，将显微镜放在自己左肩前方的实验台上。

② 对光：插上电源插头，打开开关。用拇指和中指移动旋转器（切忌手持物镜移动），使低倍镜对准镜台的通光孔（当转动听到叩碰声时，说明物镜光轴已对准镜筒中心）。打开光圈，上升集光器，用双眼在目镜上观察，直到视野内的光线均匀明亮为止。

③ 放置玻片标本：取一玻片标本放在载物台上，一定使有盖玻片的一面朝上，切不可放反，用载物台上的弹簧夹夹住，然后旋转推片器螺旋，将所要观察的部位调到通光孔的正中央。

④ 调节焦距：用双手按逆时针方向同时转动粗调节器，使载物台缓慢地上升至物镜距标本片约 5 mm 处，应注意在上升载物台时，一定要从右侧看着镜台上升，以免上升过多，造成镜头或标本片的损坏。现在大多数显微镜为保护物镜设置有限高，上升到一定高度后再转动粗调节器载物台也不会再上升。然后，两眼同时在目镜上观察，双手顺时针方向缓慢转动粗调节器，使镜台缓慢下降，直到视野中出现清晰的物像为止。

（2）高倍镜的使用方法。

① 选好目标：一定要先在低倍镜下把需要进一步观察的部位调到中心位置，同时把物象调节到最清晰的程度，才能进行高倍镜的观察。

② 转动转换器，调成高倍镜头，转换高倍镜时转动速度要慢，并从侧面进行观察（防止高倍镜头碰撞玻片），如高倍镜头碰到玻片，说明低倍镜的焦距没有调好，应重新操作。

③ 调节焦距：转换好高倍镜后，用左眼在目镜上观察，此时一般能见到一个不太清楚的物象，可将细调节器的螺旋逆时针移动 0.5 ~ 1 圈，即可获得清晰的物像（此时切勿用粗调节器）。

如果视野的亮度不合适，可用集光器和光圈加以调节，如需更换玻片标本时，必须顺时针转动粗调节器使镜台下降，方可取下玻片标本。

（3）油镜的使用方法。

① 在使用油镜之前，必须先经低、高倍镜观察，然后将需进一步放大的部分移到视野的中心。

② 将集光器上升到最高位置，光圈开到最大。

③ 转动转换器，使高倍镜头离开通光孔，在需观察部位的玻片上滴加一滴香柏油，然后慢慢转动油镜，在转换油镜时，从侧面水平注视镜头与玻片的距离，使镜头浸入油中而又不以压破载玻片为宜。

④ 用左眼观察目镜，并慢慢转动细调节器至物象清晰为止。

如果不出现物象或者目标不理想要重找，在加油区之外重找时应按：低倍-高倍-油镜程序。在加油区内重找应按照：低倍-油镜程序，不得经高倍镜，以免香柏油玷污镜头。

⑤ 油镜使用完毕后，先用擦镜纸沾少许二甲苯将镜头上和标本上的香柏油擦去，然后再用干擦镜纸擦拭干净。

3. 显微镜使用时的注意事项

（1）持镜时必须是右手握臂、左手托镜座的姿势，不可单手提取，以免零件脱落或碰撞到其他地方。

（2）轻拿轻放，不可把显微镜放置在实验台的边缘，以免碰翻落地。

（3）保持显微镜的清洁，光学和照明部分只能用擦镜纸擦拭，切忌口吹、手抹或用布擦，机械部分用干布擦拭。

（4）水滴、酒精或其他药品切勿接触镜头和镜台，如果沾上应立即擦净。

（5）放置载玻片标本时要对准通光孔中央，且不能反放载玻片，防止压坏载玻片或碰坏物镜。

（6）不要随意取下目镜，以防止尘土落入物镜，也不要任意拆卸各种零件，以防损坏。

（7）使用完毕后，必须复原才能放回实验柜里，其步骤是：关上电源开关，拔下插头，取下标本片，转动物镜转换器使镜头离开通光孔，下降载物台，盖上防尘罩，将显微镜放回实验台柜内。最后填写使用登记记录。

（二）徒手切片法

选择生长正常、有代表性的植物幼茎或叶柄，用解剖刀将材料切成 2～3 cm 长，并把断面修平。一般以左手的大拇指、食指和中指夹住材料，使材料突出于手指头上面约 3 mm，用右手的拇指和食指捏住刀片一端，置于右手食指之上，刀片和材料切面平行，刀刃放在材料左前方稍低于材料断面的位置。

切片时材料与刀片以水湿润，刀片与材料的断面保持平行，以均匀的力量和平稳的动作使刀刃自左前方向右后方斜滑拉切，中途不停顿，拉切速度要快，不要拉锯式切割，左手食指向下稍微移动，使材料略有上升，从而调节每张切片的厚度。切片过程中右手不动，只是右臂移动，动作用臂力而不是用腕力。

将切下的切片用毛笔软头蘸水从刀片上轻轻放入培养皿的清水中，或直接将刀片浸没于水中使切片漂洗下来，选择切得薄而透明的薄片，然后平放在加有水滴的载玻片上，用解剖针展平后，加盖玻片观察。

过于柔嫩的植物器官如：叶片等，难以直接拿着来作切片，则需夹入坚固而易切的支持物中，便于执握操作。一般将要切的材料夹于已切成两半而中央挖成浅沟的夹持物内，如：胡萝卜或马铃薯块茎等，然后进行切片操作。

五、作业

（1）写好预习报告，包括实验目的与原理、实验设备、实验材料与用品。

（2）做完实验后，完成实验报告的全部内容。

（3）了解各类植物组织的形态结构和细胞特征。

实验 2
石蜡切片法和生物绘图

一、实验目的

学习石蜡切片的整个过程，掌握生物绘图的基本方法。

二、实验用品

（1）材料：植物幼茎、叶柄或叶片等，如：小麦叶片（叶龄适中）。

（2）器具：普通光学显微镜、Leica 切片机、载玻片、盖玻片、称量瓶、培养皿、解剖刀、刀片、胶头滴管、解剖针、镊子、吸水纸、擦镜纸、毛笔等。

（3）试剂：1%番红水溶液、1%固绿乙醇溶液、各级不同浓度乙醇溶液、FAA 固定液、二甲苯、蒸馏水、加拿大树胶等。

三、实验原理

石蜡切片法是生物技术研究的一种操作方法，是以石蜡作包埋剂，用切片机将材料切成薄片，经一系列处理后制成永久切片。

石蜡切片法的原理是基于石蜡的高渗透性和易于切割的特性，通过固化和浸渍过程，材料会充分浸泡在石蜡里，使其硬化便于切割，再利用切片机旋转刀片来切割材料标本，从而得到薄而均匀的连续切片，染色后用于在显微镜下观察细胞和组织的结构。

通过石蜡切片技术的应用，我们可以深入了解生物体的结构和功能，为科学研究和医学实际应用提供重要支撑。

四、实验步骤

（一）石蜡切片法

1. 取材

材料的好坏直接影响到切片的质量，以下几点必须注意：

（1）植物材料选择时尽可能不损伤植物体或所需要的部分；动物材料取用时常对动物施以麻醉，常用的麻醉剂有氯仿和乙醚，或将动物杀死后迅速取出所需要切片的组织。

（2）取材必须新鲜，这一点对于从事细胞生物学研究尤为重要，应该尽可能割取生活着的组织块，并立即投入固定液。

（3）切取材料时刀要锐利，避免因挤压使细胞受到损伤。

（4）切取的材料应该小而薄，便于固定剂迅速渗入内部。一般厚度不超过 2 mm，大小不超过 5×5 mm²，如果是子房、花药，就不需要进行切割。

2. 固定

将已切好的材料尽快地浸入相当于材料 10～15 倍体积的固定液中，材料固定完毕，保存于加盖的称量瓶内，贴上标签。植物材料内部常含有空气，导致固定液不能完全渗入。材料投入固定液后可以抽气 20～30 min，以便让固定液有效透入材料组织中，抽过气的材料在停止抽气后，应沉入底部。

组织和细胞离开机体后，在一定时间内仍然延续着生命活动，会引起病理变化直至死亡。为了使标本能反映它生前的正常状态，必须尽早地用某些化学药品迅速地杀死组织和细胞，使细胞的新陈代谢瞬间停止，并保持细胞或组织的形态构造及其内含物的状态不发生变化，并将结构成分转化为不溶性物质，防止某些结构的溶化和消失。这种处理就是固定。除了上述作用外，固定剂会使组织适当硬化以便于随后的处理，还会改变细胞内部的折射系数并使某些部分易于染色。

固定剂的作用对象主要是蛋白质，至于其他成分如：脂肪和糖，在一般制作时不加考虑，如要观察这些物质，可用特殊的方法将其固定下来。动物材料常用 10% 的甲醛溶液固定，植物材料则用卡诺氏固定液（FAA）来固定。

3. 脱水

生物组织中含有大量的水分，它和石蜡是不能相溶的，致使在包埋时石蜡无法渗入组织内部，因此须使用脱水剂将水分除尽，这就是脱水的作用。

脱水剂必须能与水以任何比例相混合。脱水剂有两类：一类是非石蜡溶剂，如乙醇、丙酮等，脱水后必须再经过透明，才能透蜡包埋；另一类是兼石蜡溶剂，如正丁醇，脱水后即可直接透蜡。

常用的脱水剂是乙醇，因为它价格便宜，易于得到，常用以下系列乙醇溶液脱水：50% 乙醇—70% 乙醇—85% 乙醇—95% 乙醇—100% 乙醇—100% 乙醇，各处理 1～2 h。

4. 透明

组织块用非石蜡溶剂脱水后必须经过透明。透明剂能同时与脱水剂和石蜡混合，它取代了脱水剂后，石蜡便能顺利地渗入组织。透明可以用 1/2 无水乙醇和 1/2 二甲苯混合液处理 1 h，纯二甲苯处理两次，每次 1 h。

透明剂的种类很多，较常用的除了二甲苯以外，还有甲苯、苯、氯仿、香柏油和苯胺油等。

5. 透蜡和包埋

透蜡是使石蜡慢慢溶于透明剂，最后完全取代透明剂进入植物组织中，这个过程须在恒温箱中进行。恒温箱的温度调节至高于 40 ℃，使经过透明的组织块先用石蜡与二甲苯的等量混合液处理。待石蜡完全溶解，不断加入石蜡直到石蜡完全饱和，无二甲苯为止，浸蜡时间为 1～2 天。然后将恒温箱温度调至 60 ℃。纯石蜡处理 2～3 次，透蜡的时间依材料性质而定，一般每次需 30 min 至 1 h。透明的关键是控制温度的恒定，切忌忽高忽低，温度过低石蜡凝固无法渗透，温度过高使组织收缩发脆。

包埋是使浸透蜡的组织块包裹在石蜡中。具体做法是：先准备好小纸盒，将液体蜡倒入盒内，迅速用预热的镊子夹取组织块平放在纸盒底部，切面朝下，再轻轻提起纸盒，平放在冷水中，待表面石蜡凝固后立即将纸盒按入水中，使其迅速冷却凝固，30 min 后取出。

包埋用蜡的温度应略高于透蜡温度，保证组织块与周围石蜡完全融为一体。石蜡的迅速冷却也很重要，否则包埋块中将会产生气泡或结晶。以后切片时容易碎裂。

6. 切片

切片前，将刀口置放大镜下观察，选择刀口平整无缺刻的部分来进行切片。将所要切的包埋块固定在标本台上，使包埋块外切面与标本夹截面平行，并让包埋块稍露出一截。将刀台推至外缘后松开刀片夹的螺旋，上好刀片，使切片刀平面与组织切面间呈 15°左右的夹角，包埋块上下边与刀口平行。在微动装置上调节切片要求的厚度，调节时应注意指针不可在两个刻度之间，否则容易损伤切片机，将刀台移至近标本台处，让刀口与组织切面稍稍接触，这时就可以开始切片了。方法是：右手转动转轮，左手持毛笔在刀口稍下端接住切好的片子，并托住切下的蜡带，待蜡带形成一定长度后，右手停止转动，持另一支毛笔轻轻将蜡带挑起，平放于盛有水的培养皿内，注意切片速度不宜太快，摇动转轮用力应均匀，防止切片机震动厉害引起切片厚薄不均匀，还应注意转动的方向，以防标本台后移而切不到片子。切片完毕，应及时用氯仿将切片机的有关部分擦净。

7. 粘片

在干净的载玻片上加少许贴片剂并涂抹均匀，再加几滴蒸馏水，用解剖针或镊子轻轻地将切好的蜡片放在载玻片上，再将此载玻片放在展片台上 45 ℃温度下展片，表面烤干后，放入 37 ℃恒温箱中过夜。

8. 染色和封片

（1）染色前先要进行脱蜡，用水性染料染色时为防止材料变形还要进行复水处理。植物材料不同选用的染色方法不同，有番红-固绿染色，甲苯胺蓝染色，I_2-KI 染色等方法，以植物根茎横切常用的番红-固绿染色法为例来看脱蜡和染色的过程。

总体流程：二甲苯→1/2 二甲苯+1/2 无水乙醇→无水乙醇→95%乙醇→85%乙醇→番红（4 h 以上）→95%乙醇→固绿（迅速）→95%乙醇（迅速）→100%乙醇→1/2 二甲苯+1/2 无水乙醇→二甲苯→二甲苯，以上各级需 5～10 min，已注明时间的除外。

（2）将材料处理过的载玻片晾干，其上滴加适量（1～2 滴）加拿大树胶，盖上盖玻片，进行封片。

切片放入 37 ℃恒温箱中干燥过夜，第二天镜检，在合格切片的右侧贴上标签，放 40 ℃恒温箱中烘干备用。

（二）生物绘图

基本要求：对标本进行镜检后，对一些重点掌握的内容，需要及时绘图记录观察结果。生物绘图不同于一般的美术绘图，要求将所观察标本的外形和内部结构进行准确地描绘，然后对各部分分别加以注解说明。绘图时，可以先用轻淡小点或轻线条画出轮廓，再依照轮廓绘出与物像相符的线条。所绘线条要清晰流畅，粗细相同，中间不要有断线或开叉痕迹，线条也不要涂抹。结构图的比例要准确，各部分的明暗程度、物质含量多少等则用细点的疏密表示。在打点时，要点成圆点，而不是小撇，更不能用涂抹的手法来表示。图的下方要注明图名及放大倍数。

注意事项：绘图大小要适宜，一般所绘图的位置在靠近中央略偏左，右边留下用来标写图注。图与图注之间用平行线联系，注图线之间间隔要均匀，部位接近时可用折线，但不能交叉，图注要排列整齐。如果画两个或更多的图，图与图之间要留有一定距离，以便标注图名。在绘制植物的构造图时，有时只需要绘出部分切面图，以充分反映出其结构特点。

五、作业

（1）完成小麦或女贞叶的石蜡切片的永久切片制作。

（2）绘出小麦叶的横切结构图。

六、知识拓展

（1）FAA 固定液的配制：取福尔马林（38%甲醛）5 mL，冰醋酸 5 mL，50%或 70% 酒精 90 mL，比例为 1：1：16。注意：固定柔软材料加 50%酒精，坚硬材料用 70%酒精配制。

（2）1%番红水溶液配制：称取番红 1 g。蒸馏水溶解，定容至 100 mL，装入试剂瓶冷藏备用。

注意：番红是从藏红花柱头中提取的一种天然染色剂，为橙红色粉末。是植物组织学实验中最常用的染色剂之一。番红染色液为碱性染料，适用于染木质化、角质化、栓质化的细胞壁，对细胞核中染色质、染色体和花粉外壁等都可染成鲜艳的红色。并能与固绿、苯胺兰等作双重染色，与橘红 G、结晶紫作三重染色。做多重染色时，应镜检番红染色是否合适，所染颜色要深一些，以防后面脱水时脱色。

（3）1%固绿乙醇溶液配制：称取固绿 1 g，95%的乙醇溶解，定容至 100 mL，装入试剂瓶冷藏备用。

固绿又称快绿溶液，为酸性染料，能将细胞质，纤维素细胞壁染成绿色，着色很快，所以要很好地掌握着色时间。

实验 3
利用透射电镜观察植物根尖细胞

一、实验目的

（1）能够熟练描述透射电镜的基本原理和操作方法。

（2）能够掌握植物根尖细胞的取材和固定方法。

（3）观察植物根尖细胞的超微结构，了解细胞的内部构造和细胞器的分布。

二、实验原理

透射电子显微镜（Transmission Electron Microscope，TEM）是以波长极短的电子束作为照明光源，用电磁透镜聚焦成像的一种高分辨率、高放大倍数的电子光学仪器。电子束穿透样品后，经物镜、中间镜和投影镜的三级放大，在荧光屏上形成图像。由于电子束的波长比可见光短得多，所以透射电镜具有很高的分辨率，可以观察到细胞的超微结构。

植物根尖细胞是植物细胞的一种，具有典型的细胞壁、细胞膜、细胞质和细胞核等结构。通过透射电镜观察小麦根尖细胞，可以了解细胞的内部构造和细胞器的分布，例如：线粒体、内质网、高尔基体、核糖体等。

对于较小的细胞器或分子结构：如果实验观察的目标是像核糖体、蛋白质复合物等微小结构，通常需要较薄的切片，一般在 50～60 nm。这样的厚度可以减少电子束的散射，提高图像的分辨率，使这些微小结构能够清晰地呈现出来。例如，在研究细胞内蛋白质合成机制时，需要清晰地观察核糖体的形态和分布，较薄的切片能够更好地显示核糖体与其他细胞器的关系以及其在细胞质中的定位。

对于较大的细胞结构或组织区域：当观察较大的细胞器如线粒体、叶绿体，或者研究细胞之间的连接结构时，可以选择稍厚一些的切片，大约在 60～80 nm。较厚的切片可以在一定程度上保证这些较大结构的完整性，同时也能提供足够的信号强度，使图像更加清晰。比如，在观察植物细胞中的叶绿体结构时，较厚的切片可以更好地显示叶绿体的内部膜系统和基粒结构，有助于研究光合作用的机制。

三、实验用品

（1）材料：生长 3～4 天的小麦幼苗。

（2）器具：透射电子显微镜、离心机、玻璃刀、铜网、镊子、培养皿、胶头滴管。

（3）试剂：固定液（2.5%戊二醛和1%锇酸）、脱水剂（乙醇和丙酮）、包埋剂（环氧树脂）、染色剂（醋酸铀）。

四、实验操作与观察

（一）取材与固定

（1）选取生长良好的小麦幼苗根尖，用刀片切取 1～10 mm 长的根尖组织。

（2）将根尖组织放入 2.5% 戊二醛固定液中，在 4 ℃下固定 2～4 h。

（3）用磷酸缓冲液冲洗根尖组织 3 次，每次 10 min。

（4）将根尖组织放入 1% 锇酸固定液中，在 4 ℃下固定 1～2 min。

（5）用磷酸缓冲液冲洗根尖组织 3 次，每次 10 min。

（二）脱水与包埋

（1）将固定好的根尖组织依次放入 30%、50%、70%、80%、90%、95% 和 100% 的乙醇中进行脱水，每次 10～15 min。

（2）将脱水后的根尖组织放入丙酮中进行过渡，每次 10～15 min。

（3）将根尖组织放入包埋剂中，在 37 ℃下渗透 2～4 h，然后在 60 ℃下聚合 24～48 h。

包埋块质量：包埋块的硬度要适中。过硬的包埋块难以切片，过软的包埋块则可能导致切片变形或破碎。在包埋过程中要严格控制聚合条件，以获得合适硬度的包埋块。

样品定位：准确地将样品定位在包埋块中，确保需要观察的部位位于切片的中心区域。在进行切片前，可以使用显微镜对包埋块进行初步观察，确定样品的位置。

（三）切片与染色

1. 调试

仔细调试切片机，确保其运行平稳。切片机的稳定性对于获得均匀厚度的超薄切片至关重要，任何晃动或不稳定都可能导致切片质量下降。切片要在恒温和恒湿的环境中进行。湿度过高可能导致切片粘连，湿度过低则可能使切片产生静电，影响切片的收集和观察。

2. 切片

根据实验需要，选取玻璃刀或钻石刀进行切片。选择合适的切片速度，切片速度过快可能导致切片断裂，过慢则可能使切片过厚或产生刀痕。一般需要根据样品的性质和切片机的性能来调整切片速度。用玻璃刀或钻石刀将包埋好的根尖组织切成 50～70 nm 厚的超薄切片。

3. 收集

小心地收集切片，避免切片折叠、卷曲或损坏。可以使用镊子或专用的收集工具，将切片转移到铜网上进行染色和观察。

4. 染色

将超薄切片放置在干净的载网（如铜网或镍网）上。用移液枪或胶头滴管吸取少量醋酸铀染液，滴在切片上，确保染液完全覆盖切片，染色时间通常为 15～30 min。染色完成后，用蒸馏水或乙醇溶液轻轻冲洗载网，以去除多余的染液。

5. 干燥与保存

染色后的切片需要在无尘环境中自然干燥，或者使用干燥剂辅助干燥。干燥后的载网可以存放在专门的电镜样品盒中，避免灰尘和其他污染物的影响，等待在电子显微镜下进行观察。

（四）观察与拍照

（1）将染色后的铜网放在透射电镜的样品台上，调整焦距和亮度，观察小麦根尖细胞的超微结构。

（2）用相机或电子记录设备拍摄小麦根尖细胞的图像（见图 3-1），以便进行分析和报告。

图 3-1　电镜下小麦根尖细胞结构（景红娟摄）

五、作业

（1）透射电镜的分辨率为什么比光学显微镜高？

（2）固定液的作用是什么？为什么要使用两种固定液？

（3）脱水和包埋的目的是什么？包埋剂的选择有哪些要求？

（4）染色剂的作用是什么？为什么要使用两种染色剂？

实验 4
鱼肝脏冷冻切片制备

一、实验目的

（1）熟悉鱼类解剖的基本过程。

（2）掌握冷冻切片的制备过程。

二、实验原理

　　鱼是常见的水生生物，既是人类的重要食物之一，又可作为科学研究的模式动物（例如斑马鱼）。其肝脏位于腹腔，功能与哺乳动物相似。某些鱼类（例如鲨鱼、鳕鱼等海洋鱼类）的肝脏可用于生产鱼肝油，因其富含维生素 A 和维生素 D 等营养物质，在很多国家和地区作为食品、膳食补充剂或药品。因此，了解鱼肝脏解剖与组织学特点对于农业和医学研究均有重要意义。草鱼是我国"四大家鱼"之一，肝脏形态较为固定，便于观察和分离。因此本实验使用草鱼作为实验材料。

　　目前常用的组织切片制备技术分为石蜡切片和冷冻切片。相对于石蜡切片而言，由于冰冻切片制备是基于组织块在低温下（约–20 ℃）硬度变大，利用锋利刀片即可进行切片的原理，因此不需要前期复杂的处理步骤，具有操作简单、快速的优点，在生物医学研究中具有广泛的应用。

三、实验用品

　　（1）材料：草鱼（体重 1 kg 左右）。

　　（2）器具：鱼缸、解剖剪、OTC 胶、Leica 冰冻切片机、样本头、刀片、细毛刷、多聚赖氨酸载玻片、切片盒、–80 ℃冰箱、生物危险品垃圾处理袋、冰柜。

　　（3）试剂：间氨基苯甲酸乙酯水溶液（现用现配）、HE 染色液、75%乙醇、自来水。

四、实验方法和步骤

1. 安乐死和肝脏分离

　　（1）安乐死。本实验中鱼安乐死方法参照山东省地方标准《实验用鱼安乐死操作规范》（DB 37/T 4134—2020）进行。将鱼放入其 3 倍体积的间氨基苯甲酸乙酯水溶液（浓度为 200 mg·L^{-1}）麻醉 25 min。当鱼彻底失去活动能力、无明显腮部呼吸动作时再放入清水中，若 15 min 后无复苏迹象，说明安乐死成功。

　　（2）解剖与肝脏分离。将鱼放置于实验台，使用解剖剪（提前用 75%乙醇消毒）从肛门剪至下颌，打开腹腔。肝脏位于腹腔较前位置，分左右两叶，右叶较大，呈暗红色（病变时可呈黄白色、绿色和花斑色等）。肝脏用解剖剪剪下后置于滤纸上，尽量使水分被吸干（见图 4-1）。

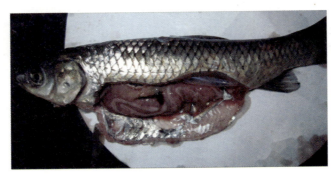

图 4-1　草鱼肝胰脏解剖图（武文一摄）

2. 肝脏冷冻切片制备

（1）包埋。取约 3 mm×5 mm 大小的肝脏块（见图 4-2），放置于样本头中央，将 OTC 胶均匀涂抹于肝脏块周围进行包埋。然后将样本头安装于预冷（–20 ℃）的冷冻切片机切片室内。

（2）切片与粘片。安装好切片刀，调整切片厚度为 6 μm，摇动转轮快速切片（转轮摇动一周即完成一次切片动作），前几个切片弃去，待切片形态稳定后，用细毛刷轻轻将切片粘于多聚赖氨酸载玻片上，完成切片制备。冷冻切片可放入切片盒，置于–80 ℃冰箱备用。冷冻切片用 HE 染色后，在光镜下观察草鱼肝脏结构（10×20）如图 4-3 所示。

图 4-2　草鱼肝脏实拍图（武文一摄）

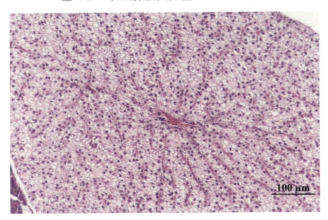

图 4-3　光镜下草鱼肝脏结构（10×20）（武文一摄）

3. 尸体无害化处理

尸体无害化处方法与小鼠解剖实验相同，不再赘述。

五、作业

（1）草鱼在养殖过程中，常见的疾病有哪些？

（2）多聚赖氨酸在冷冻切片制备中有何功能？

（3）冰冻切片机如何进行日常维护和保养？

实验 5
植物腊叶标本的采集、制作和保存

一、实验目的和要求

（1）掌握植物标本采集的原则和方法。

（2）掌握野外采集记录、压制及初步鉴定植物的方法。

（3）了解保存植物腊叶标本的意义。

二、实验背景与原理

植物标本是植物教学和科研的一个重要手段，植物标本的制作是生物教学的主要内容之一，也是学生必须掌握的技能之一。植物标本的制作主要过程是采集、整理、制作、标签和编号等过程，为了尽可能完好地长期保存植物全部或局部的某些特征，采取必要的物理或化学手段，对植物全株或植物的某一部分，如：叶、花、果实等进行加工处理的工作。植物标本主要有腊叶标本和浸制标本两种类型。现将腊叶标本制作进行介绍。

三、实验用品

（1）材料：各种植物。

（2）器具：望远镜、标本夹、标本纸或报纸、采集袋（或塑料袋）、高枝剪、铲或镐、修枝锯、带照相功能的手机、放大镜、采集记录本、标签、海拔仪、指南针、地形图、工具书、台纸、胶水、记号笔等。

（3）试剂：75%乙醇溶液、NaCl溶液。

四、实验步骤

（一）植物标本的采集

1. 采集的时间

植物的生长、开花、结实有一定的季节性，所以必须记载植物采集的时间，植物是否开花。鉴于野外实习一般在春季开花时节，可能看不到有些植物的开花和结果情况，而一份完整的植物标本应根、茎、叶、花、果实、种子各种器官齐全，如缺乏哪一部分，应选择适当的季节及时进行补采。

2. 采集标本的要求

尽可能选择根、茎、叶、花、果完整的植株。因为花和果实是鉴定植物的主要依据，同时还要尽量保持标本的完整性。采集矮小的草本植物时要连根拔出，如要采集的植物标本较高，可分为上、中、下三段采集，使其分别带有根、茎、叶、花（果），而后合为一个标本。在同一个标本中有花有果最好，如果不具备这个条件，要分别采集有花和有果的标本，对裸子植物而言，要有球花、球果等。

（1）要有代表性。要采集在正常环境下生长的健壮植物，不采变态的、有病的植株，要采能代表植物特点的典型枝，不采徒长枝、萌芽枝、密集枝等。从同种众多单株中，应选择生长正常，无病虫害，具有该种典型特征的植株作为采集对象。力求有花有果及种子。草本植物尽量采集根、茎、叶、花、果实、种子齐全的标本。

（2）草本植物采集时如植株过大可在采下后，折成"V"字形或"N"字形再压制。

（3）对于木本植物，必须将全株拍下照片，取能代表植物特点的部分枝条做成标本。

（4）如有地下茎（鳞茎、块茎、根状茎）应用铲或镐挖出。对于雌雄异株的植物，应分别采集。水生植物可用硬纸板将标本托起、展平。对寄生植物应连同寄主一起采集。如植株有老幼的异型叶，必须兼顾各种类型叶都采集。采集标本的份数一般要采 2~3 份。

（5）采集时必须认真做好时间、地点各项记录，它是鉴定植物的重要参考，记录时要统一编号。要给所采集的标本挂上标签，并注明所采集的地点、日期及采集人的姓名，并且记下植物的生长环境和形态特征如陆地、水池、向阳、气味、颜色、花的形态、乳汁等。

（6）标本采后要及时更换干纸（否则会使标本生霉腐烂），并对标本进行整理，叶片要平整，不能重叠。叶片的正面和反面都要有，以便鉴定时观察。压制标本时要随时调整标本的位置，使之高低均匀。

（7）保护好所采集的植株。把采集到的标本放到采集箱里，如植株较柔软，应垫上草纸，并压在标本夹里。

3. 采集步骤

（1）首先选择符合要求的植株。草本进行整体采集，对木本植物可剪取具代表性枝条 25 ~ 30 cm 长（中部偏上枝条为宜）。

（2）初步修整。对刚采集的标本，要适当去掉部分枝、叶，注意保留部分要具有植株原有的特征。

（3）挂上标签，填上编号，并填好植物野外采集标本记录卡（见采集卡式样）。记录卡应详细记录采集号、采集时间、采集者、采集地点等完整信息。

植物标本记录卡						
号数_____（与号牌上的号数一致）　　　标本份数_____（指同号份数）。						
日期　　　　　　　　地点　　　　　　　　海拔高度（根据测高线和地形图）						
生境　　（如平原、阳坡、阴坡、路旁、河边、水中等）						
生活型　　（如乔木、灌木、亚灌木、藤本、草本等）						
习性　　（如阳生、阴生、中性、水生、旱生、寄生、附生、腐生等）						
株高	米	胸径	米	树皮	叶	花　果　种子
中文名	学名	科名	种名	属名	经济价值	

（4）采集的标本暂时放在采集袋中，防止标本失水而变形，待采集一定量或方便压制时及时放入标本夹压制。

（5）散落物（包括叶、果实和种子等）另装入小纸袋中，一些不便压在标本夹中的树皮、肉质叶、大型果实等可另放，但均应挂与相应枝条相应的标签。

（6）采集标本时要注意安全，对有毒性或易过敏的植物，如：泽漆、漆树等，要谨慎采集，不乱尝野果或菇类，防止中毒。

（7）注意保护植物资源，特别是稀有植物物种。

（二）标本的压制

标本的压制是使标本在短时间内脱水干燥使其颜色与形态固定（见图 5-1、图 5-2），制作标本时须注意以下几点：

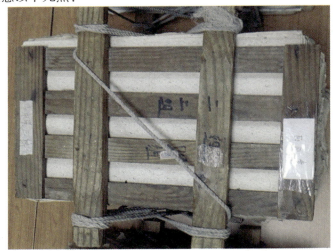

（a）标本夹

（b）标本压制

图 5-1　植物标本的压制（苏秀红摄）

（a）准备压制的标本木槿（*Hibiscus syriacus L.*）

（b）压制好的标本（苏秀红摄）

图 5-2　植物腊叶标本

（1）可以适当再次修整，使其枝叶舒展，尽量露出花果，要注意保持植物原有的特征。

（2）顺其自然，稍加摆布，使标本各部分尤其是叶的正、背面均有展现。

（3）叶片易脱落的植物，先以少量煮沸的 NaCl 溶液浸 1～2 min，再用 75%乙醇溶液浸泡，待稍风干后再压。

（4）对于肉质多汁的植物，如景天科植物，压制前最好处理一下（用沸水煮），然后再按一般方法压制。

（5）及时更换吸水纸。新压的标本每天至少换干纸 2 次，以后视标本情况相应减少换纸次数，如球果、枝刺处可多夹些。换下的潮湿纸及时晾干或烘干，备用。

（6）初次换纸时要将标本上的部分叶子翻转，使标本上有腹面和背面两种叶子，如干后将叶子翻转则易折断。重叠的叶和花等小心张开，这时是压制标本好坏的关键，必须注意细节。

（7）在换纸的过程中，发现叶、花、果脱落或多余部分须放入纸袋中与标本压在一起，同时要在纸袋上写上相同编号。

（8）注意捆绑标本夹时，标本和标本纸相互间隔平铺于标本夹上，以平整为准。绳子的松紧要适度，过紧易变黑，过松不易干。对含水量大的标本，在标本夹压制好后可放入恒温干燥箱，快速降低含水量，以免标本因脱水慢而变色、变质，从而影响标本的质量。

（三）标本的保存

将压制好的标本装订在台纸上，就成为可以长期保存的腊叶标本。上台纸前应将标本消毒和做最后的定形修整，然后缝合在台纸上（A3 纸大小的硬白板纸）。上台纸的时候，把样本放在台纸上，摆好位置，要留出右下角和左上角用来贴标本签和采集卡，而后进行固定。用针从茎或粗的叶柄基部两侧穿过将线勒紧，再将线两端于台纸背面打结，然后用白纸条用胶水粘牢，贴上标本签和采集卡即完成制作，将制好的标本放入专门的盒子或柜子，同时放入樟脑球和干燥剂，可以长期保存，定期进行翻看。

五、作业

（1）熟悉和鉴定各种植物标本；

（2）编制一个十种植物的检索表。

第二部分　基础性实验

实验 6
草履虫的形态结构与生命活动

一、实验目的

（1）学习对运动活泼的微小原生生物的观察和实验方法。
（2）通过实验，进一步理解原生生物的单个细胞是一个完整的能独立生活的生物体。
（3）通过对草履虫观察认识原生生物的应激性。

二、实验原理

　　原生动物是最简单最原始的生物，一个原生生物体只由一个细胞构成，但原生生物的单个细胞不同于多细胞生物体内的一个细胞，它们的细胞质可以分化成各种细胞器来行使多细胞生物的全部生命活动，从而成为一个完整的、独立的生物有机体。

　　草履虫的形态结构和生命活动充分地展现了原生生物的这些特征，并且草履虫对各种刺激的反应也说明应激性是原生生物的普遍特性。

　　草履虫个体较大，结构典型，方便观察，繁殖迅速，容易采集培养，是生命科学基础理论研究的理想材料，尤其在细胞生物学、细胞遗传学研究中更具有科学性。

三、实验用品

（1）材料：草履虫培养液，草履虫分裂生殖及接合生殖的装片。
（2）器具：光学显微镜、体视显微镜、镊子、载玻片、盖玻片、吸水纸、试管、胶头滴管、脱脂棉。
（3）试剂：蓝墨水、洋红粉末、鸡蛋清、蒸馏水。

四、实验操作与观察

（一）草履虫的形态结构与运动

1. 草履虫临时装片的制备

　　为限制草履虫的迅速游动以便于观察，先将少许棉花纤维撕松放在载玻片中部，或者在载玻片中部滴加一滴蛋清液，用胶头滴管吸取草履虫培养液滴在棉花纤维或蛋清液中间，盖上盖玻片，在低倍镜下观察。如果草履虫游动仍然过快，则用吸水纸在盖玻片的一侧吸去部分水分，再进行观察，要保证在观察过程中不能使装片完全失水。

2. 草履虫的外形与运动

　　在低倍镜下，将光线适当调暗点，使草履虫与背景之间有足够的明暗反差。可见草履虫形似倒置草鞋底，前端钝圆，后端稍尖，体表密布纤毛，体末端纤毛较长。从虫体前端开始，体表有一斜向后行直达体中部的凹沟称口沟，口沟处有较长而强的纤毛。

游泳时，草履虫全身纤毛有节奏地呈波浪状依次快速摆动，由于口沟的存在和该处纤毛摆动有力，而使虫体绕其中轴向左旋转，沿螺旋状路径前进。

3. 草履虫的内部构造

选择一个比较清晰而又不太活动的草履虫转高倍镜观察其内部构造（见图 6-1，图 6-2）。虫体的表面是表膜，紧贴表膜的一层细胞质透明无颗粒，称外质，外质内有许多与表膜垂直排列的折光性较强的椭圆形刺丝泡；外质以内的细胞质多颗粒，称为内质。

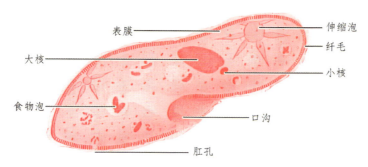

图 6-1 草履虫结构示意图（倪子富绘）

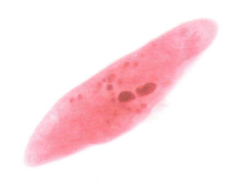

图 6-2 草履虫结构图（10×20）

虫体腹面口沟末端有一胞口，胞口后连一深入内质的弯曲短管，称胞咽，胞咽壁上生有由长纤毛联合形成的波动膜。内质内有大小不同的圆形泡，多为食物泡。在虫体的前后端各有一透明的圆形泡，可以伸缩，为伸缩泡。当伸缩泡主泡缩小时，可见其周围有 6 ~ 7 个放射状排列的长形透明小管，即收集管。

大草履虫有大、小两个细胞核，位于内质中央，生活时小核不易观察到。在盖玻片一侧滴 1 滴 5% 醋酸，另一侧用吸水纸吸引，使盖玻片下的草履虫浸在醋酸中。将光线适当调亮，1 ~ 2 min 后，草履虫被杀死。在低倍镜下可见到虫体中部被染成浅黄褐色、呈肾形的大核；转高倍镜调焦后，可见大核凹处有一个点状的小核。

（二）食物泡的形成及变化

取一滴草履虫培养液于一载玻片中央，用牙签蘸取少许洋红粉末掺入草履虫液滴中，混匀，再加少量棉花纤维并加盖玻片。之后立即在低倍镜下寻找一被棉花纤维阻挡而不易游动、但口沟未受压迫的草履虫，转动高倍镜仔细观察食物泡的形成、大小的变化以及在草履虫体内环流的过程。

（三）草履虫的应激性实验

制备草履虫临时装片。在盖玻片的一侧加 1 滴用蒸馏水稀释 20 倍的蓝墨水，另一侧用吸水纸吸引，使蓝墨水浸过草履虫。在高倍镜下观察，可见刺丝已射出，在草履虫虫体周围呈乱丝状。思考：刺丝泡有何作用？

（四）草履虫的生殖

取草履虫分裂生殖和接合生殖装片，于低倍显微镜下观察（见图 6-3、图 6-4）。

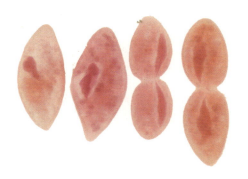
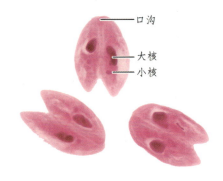

口沟
大核
小核

图 6-3　草履虫的分裂生殖（10×10）　　　图 6-4　草履虫的接合生殖（10×10）

1. 草履虫分裂生殖装片

观察草履虫的无性生殖是横裂还是纵裂。

2. 草履虫接合生殖装片

观察两个虫体在何处接合。

五、作业

（1）绘制草履虫放大图，标注指出各部分的名称。

（2）分析总结各项实验结果，举例说明。

① 为什么原生生物是最原始最简单的生物。

② 为什么说原生生物的单个细胞是一个完整的能独立生活的生物个体。

实验 7
水螅的形态结构与生命活动

一、实验目的

通过对水螅形态结构及生命活动的观察，了解腔肠动物门的主要特征，认识腔肠动物在进化过程中的重要地位。

二、实验原理

腔肠动物是辐射对称或两侧辐射对称的两胚层动物，开始出现了组织分化和简单的器官，能适应固着或漂浮生活，被看作是多细胞动物中最为原始的一类。

水螅的形态结构与生命活动展示了腔肠动物的主要特征，它既有细胞水平的功能活动，又有最原始的组织器官分化。认识这些特征，有助于理解进化过程中，生物如何由简单原始的生命形式逐渐趋于复杂，并形成现代高等动物的较为完善的结构体系。

三、实验用品

（1）材料：活水螅、活水蚤、水螅带芽整体装片、水螅横切面和纵切面玻片标本、水螅过精巢和过卵巢横切面玻片标本。

（2）器具：体视显微镜、显微镜、放大镜、解剖针、镊子、胶头滴管、培养缸、培养皿、载玻片、盖玻片、吸水纸、稻草。

（3）试剂：1%醋酸溶液、0.03%谷胱甘肽溶液、煮熟的鸡蛋、硫酸镁、0.01%亚甲基蓝溶液。

四、操作与观察

（一）活体观察与实验

1. 外部形态及对刺激的反应：

用胶头滴管将水螅从附着物上边刮下来，放入盛有少量生活水的培养皿中，置于体视显微镜下，待其身体伸展后观察。水螅体呈圆柱状，附着在培养皿一端的称基盘，另一端有略呈锥状的突起即垂唇，口位于其中央，周围有触手环绕。将水搅动或用解剖针刺激水螅的触手和身体，水螅如何反应，为什么？刺激强度不同时反应是否不同？把水螅的触手切下一段，再用解剖针刺激，水螅触手脱离身体后受刺激产生的反应与未脱离身体时的反应相同吗？为什么？

2. 刺细胞及刺丝囊

吸取水螅到载玻片上，置于低倍显微镜下观察，其体表有许多瘤状的小突起，特别是在触手上更多。小突起称为刺胞架（由表层的皮肌细胞和几个刺细胞融合而成，当遇到食物或刺激时，其内的刺丝囊会发射出刺丝）。用刀切下一段触手，盖上盖玻片，均匀用力把触手压扁，在高倍显微镜下可见刺丝囊由刺细胞压出，有的刺丝囊中的刺丝已射出。也可将1%醋酸溶液滴在盖玻片的一边，另一边用滤纸吸引溶液，镜下观察刺丝的发出。能观察到几种刺丝囊，它们有何功能？刺丝发出后刺细胞会怎样？

3. 取食活动及谷胱甘肽在取食过程中的作用

（1）用吸管取数个水蚤，滴放到停止投食数日的水螅培养缸内，水蚤应放在水螅的触手旁。当水螅触手与水蚤相遇时如何反应？为什么水蚤会黏附在触手旁？将捕到食物的水螅移至体视显微镜下，观察水螅怎样把食物送到口边，怎样吞下。

（2）取已饥饿数日的水螅分放在2个培养缸内。

① 将一些与水蚤大小差不多的熟鸡蛋蛋白、蛋黄的碎片投放到其中一个培养缸内的水螅触手旁，用放大镜观察水螅的取食反应。

② 在投放以上食物碎片的同时，滴几滴新配制的 0.03%谷胱甘肽溶液，或将食物碎片与谷胱甘肽溶液混合后投放，水螅的取食反应如何？

③ 将吸水纸或稻草碎片与谷胱甘肽溶液混合，投放到另一个培养缸，水螅又会如何反应？分析实验结果，说明谷胱甘肽在水螅取食中的作用。

（二）水螅网状神经的显示

1. 麻醉

吸取几只饥饿两天但较健壮的水螅连同少量培养水置于小培养皿内，水以能没过虫体为宜。待水螅稍舒展身体后，用镊子取硫酸镁晶体逐颗放入到水中，使水螅慢慢麻醉。在体视显微镜下观察用解剖针触及水螅身体和触手不可收缩时方可。麻醉药品不能放得过急过多，否则水螅会紧紧收缩甚至死亡而不利于观察。

2. 染色与观察

将已麻醉的水螅吸取到载玻片上，滴2～3滴0.01%亚甲基蓝染液，置于低倍镜下随时观察，约经几十分钟后，水螅的网状神经逐渐显示出来。盖上盖玻片，在高倍显微镜下仔细观察，可见神经细胞的突起彼此连成网状。水螅有没有神经中枢？

（三）水螅玻片标本的观察

1. 水螅整体装片的观察

分别取水螅带芽整体装片、水螅具精巢和卵巢的整体装片，在低倍显微镜下观察芽体、精巢和卵巢在体壁上的生长位置（见图7-1）。水螅的无性

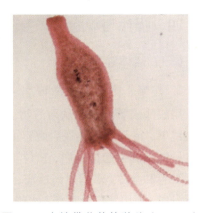

图 7-1 水螅带芽整体装片（4×10）

生殖和有性生殖会同时进行吗？

2. 水螅纵切片和横切片的观察：

显微镜下观察水螅纵切片，先在 4×物镜下辨认水螅的口、垂唇、触手、消化循环腔和基盘等部位（见图 7-2、图 7-3）。如触手被纵切，其内的腔与消化循环腔相通吗？如芽体被纵切，芽体的体壁与母体的体壁的关系如何？在同一张切片上常常不能同时观察到上述结构，为什么？再在 10×物镜下辨认水螅的外胚层，中胶层和内胚层。然后观察水螅横切片，联想纵切片中的结构，辨认内、外胚层，中胶层和消化循环腔。再将水螅纵切或横切片体壁的一部分移到视野中部，换高倍镜观察体壁结构。

（1）外胚层（皮层）在体壁外侧可见到较大且细胞核清晰、数目最多的柱状细胞，是外皮肌细胞。在皮肌细胞之间靠近中胶层处，有些小型的且数目较多堆在一起的细胞，它们和神经细胞相连。神经细胞在外胚层基部紧贴中胶层，因数目较少，需仔细寻找。

（2）中胶层薄而透明，夹在内外胚层之间，是由内胚层细胞分泌的一层非细胞结构的胶状物质。

（3）内胚层（胃层）内皮肌细胞数目最多，细胞大，核清晰，细胞内含有许多染色较深的食物泡。还有数目较多的腺细胞，它们散布在皮肌细胞间，长形，游离端常膨大并含有细小的深色分泌颗粒。此外，还有少数的感觉细胞和间细胞。

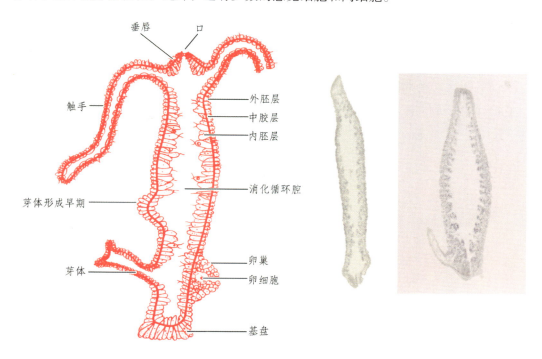

图 7-2　水螅纵切面示意图（倪子富绘）　　　图 7-3　水螅纵切面图（4×10）

3. 水螅过精巢和卵巢横切片的观察

在显微镜下观察成熟水螅精巢的横切面（见图 7-4），切面上精巢近似圆形，由内向外依次是精母细胞、精细胞和成熟的精子，有时区别不明显。再取成熟水螅卵巢的横切片观察（见图 7-5），卵巢为卵圆形，成熟的卵巢里一般只有一个卵细胞，其余的是营养细胞。但处在不同发育期的精巢和卵巢，其内部生殖细胞发育程度亦有不同。精巢和卵巢是从哪个胚层分化出来的？

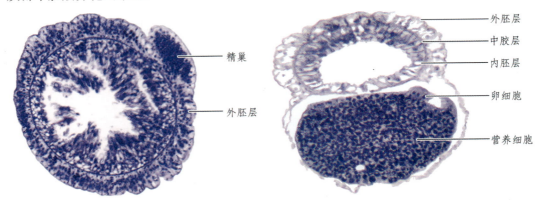

图 7-4　水螅过精巢横切片（10×10）　　　图 7-5　水螅过卵巢横切片（10×10）

水螅的无性生殖：水螅通常进行无性生殖，就是由身体直接长出芽体。

五、实验报告及作业

（1）绘水螅纵切图，显示各部分结构。

（2）根据实验总结腔肠动物的主要特征，如何理解它们在动物进化过程中的重要地位？

（3）为什么说腔肠动物已出现了组织分化？什么细胞是腔肠动物所特有的？

（4）水螅受到刺激后，身体的收缩与它的哪些结构有关？

实验 8

涡虫的形态结构与生命活动

一、实验目的

（1）学习对低等蠕形动物进行活体观察和实验的一般方法。

（2）了解扁形动物的基本特征，进步性特征及其生物学意义。

二、实验原理

继腔肠动物之后，动物界发展演变中关键性变化的主要标志是由水生过渡到陆生，由固着或漂浮生活过渡到自由爬行生活，并相应出现形态结构的一系列重大变化。扁形动物首次出现了两侧对称体型和中胚层，与此相关，身体结构出现了器官系统的初步分化，从而标志着动物界系统发育进入了一个新的阶段。涡虫是扁形动物中自由生活的蠕形动物。涡虫的形态结构和生命活动反映了扁形动物的基本特征，而且有助于理解扁形动物进化特征的出现，为动物由水生进化到陆生提供了重要的基本条件。实验通过设置相应条件，观察活涡虫的外部形态、运动和对刺激的反应；通过诱导观察其消化和排泄系统；利用切片观察涡虫的神经系统和生殖系统及三胚层结构，与腔肠动物的特征相比较，了解涡虫在生物进化上的意义。

三、实验用品

（1）材料：活涡虫、涡虫示神经系统整体装片、涡虫示生殖系统整体装片、涡虫横切面标本。

（2）器具：显微镜、体视显微镜、放大镜、解剖针、镊子、载玻片、盖玻片、培养皿、100 mL 烧杯、胶头滴管、毛笔、吸水纸、黑纸、精密 pH 试纸（pH 值范围 0.5 ~ 5.0 和 5.0 ~ 7.0）。

（3）试剂：氯化钠结晶、硫酸镁结晶、洋红粉末、0.04%醋酸溶液、熟蛋黄。

四、实验操作与观察

（一）活体观察与实验

1. 外部形态

用毛笔在培养缸内挑选一条活涡虫，置于载玻片上的水滴中。用放大镜或在体视显微镜下观察。可见涡虫体扁长，背部微凸，灰褐色；体前端呈三角形，两侧略突起称耳突，前端背面、耳突内侧有一对黑色眼点；体后端稍尖。用解剖针将虫体翻至腹面向上，可见其腹面较扁平，颜色较浅，密生纤毛，腹面近体后 1/3 处有口。为什么说涡虫的身体呈两侧对称体型？虫体的背、腹面功能有何不同？

2. 运动

观察涡虫在载玻片上滑行运动，用镊子头挡在涡虫行进方向的前方，涡虫如何行进？涡虫的运动有方向性吗？涡虫的运动方式与其两侧对称体型有何相关性？有何进步意义？

3. 涡虫对刺激的反应

注意观察涡虫应答刺激的运动方式。用解剖针轻触虫体的前端、后端和其他部位，观察虫体不同部位对刺激的反应，这说明了什么？

涡虫的趋性：

① 盐度影响　在载玻片上涡虫滑行前方的水中放一小粒盐，观察涡虫有何反应？

② 酸度影响　用滴管吸取一条涡虫，连水滴于载玻片上。用另一滴管取 0.04%醋酸滴一滴在涡虫水滴旁，两液滴间由液桥连接。观察涡虫的运动，用 pH 试纸检测涡虫水滴和醋酸 pH 值。

③ 光照的影响　将数条涡虫放入盛水的培养皿中，分布均匀，再用黑纸（或黑塑料）将培养皿的一半遮住，将培养皿置于光下片刻后，观察涡虫的趋光反应。

4. 涡虫的消化系统

（1）取一条涡虫置于载玻片上的水滴中，将少许硫酸镁结晶缓缓投入载玻片上水滴中，可见涡虫逐渐麻醉，在体视显微镜下观察，可见有一管状结构从口中伸出体外，此即咽。将培养皿的一半盖住，置于光下片刻后，观察涡虫的趋光性反应。

（2）取饥饿数日的涡虫于小烧杯中，将熟蛋黄粉末混匀后投喂涡虫。1～2 h 后肉眼观察可见虫体内部已显红色。取出涡虫于载玻片上，置低倍镜下观察已呈红色的肠管分支情况。涡虫的消化系统由哪些器官组成？有肛门吗？

5. 涡虫的排泄系统

取饥饿数日的涡虫，置载玻片上水滴中，待虫体伸展时，加盖盖玻片，随即用铅笔的橡皮头轻压虫体，使虫体被均匀展开，此时有破碎组织外溢。置低倍镜下观察，可见虫体两侧有一系列不规则闪烁亮光。选取较清晰处转高倍镜观察，可见闪烁处有细管道分支，其中有液体不停地定向流动。流动液体的边界即原肾管管壁，闪烁亮光则为原肾管分支末端焰细胞内纤毛摆动所致。

（二）涡虫整体装片玻片标本的观察

1. 神经系统

低倍镜下观察视神经系统的涡虫整体装片，可见体前有一对神经节组成的"脑"。由此沿身体两侧后行有 2 条纵神经索，索间有许多横神经连接，似梯形，"脑"发出神经到眼、耳突各部分。涡虫神经系统和感觉器官比较集中和发达，与其生活方式及两侧对称体型有何相关性？

2. 生殖系统雌雄同体

取显示生殖系统的涡虫整体装片玻片标本置于显微镜下观察（见图8-1、图8-2）。

（1）雌性生殖器官。虫体前端两眼后方有1对卵巢，深色，圆形。两卵巢各有1条输卵管沿身体两侧向后行，在咽后方汇合通入生殖腔。生殖腔前方有一椭圆形的受精囊也通入生殖腔。两输卵管外侧还有许多颗粒状的卵黄腺。

（2）雄性生殖器官。虫体两侧与输卵管平行有许多圆球形精巢，每精巢由一输精小管（不易看清）通入1对输精管，输精管在咽两侧膨大成储精囊；储精囊在生殖腔前方汇合成阴茎，阴茎通入生殖腔。生殖腔有生殖孔通体外。固定生殖腺和生殖导管的形式有何进化意义？

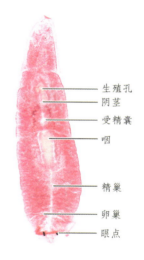

生殖孔
阴茎
受精囊
咽
精巢
卵巢
眼点

图8-1 涡虫整体图（此图引自百度）　　　图8-2 涡虫装片（示生殖系统）（10×10）

（三）涡虫横切面玻片标本的观察

取涡虫横切面玻片标本置于显微镜下观察。涡虫横切面背面隆起，腹面扁平，为三胚层无体腔动物（见图8-3、图8-4）。

（1）外胚层：为体壁最外一层排列紧密的柱状上皮细胞，其间夹有的颜色较深、条状结构为杆状体，杆状体有何功能？此外，还可以看到一些向里层（中胚层）深入的囊状、含深色颗粒的单细胞腺及其通向体表的部分管道。转高倍镜观察，可见腹面表皮细胞具有纤毛，表皮细胞的基底为一薄层基膜。

（2）中胚层：形成肌肉组织和实质组织。镜下可见紧贴基膜内侧底为环肌，环肌内侧为纵肌，它们与表皮共同构成体壁即皮肌囊。皮肌囊有何功能？此外，在横切面的背腹体壁间还可见背腹肌纤维。在体壁与消化管之间充满呈网状、含有许多黄色小泡的结构，为中胚层实质组织，无体腔。实质组织有何功能？中胚层出现有何意义？

（3）内胚层：切片中间可见到几个小空腔，即为肠腔，肠壁为单层柱状上皮细胞，是内胚层形成的消化管。

根据横切面上所见到的肠断面的数目，能否确定所观察的涡虫横切面取材于身体的哪个部位？并说明理由。

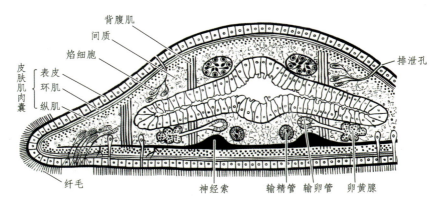

图 8-3 涡虫横切面示意图（倪子富绘）

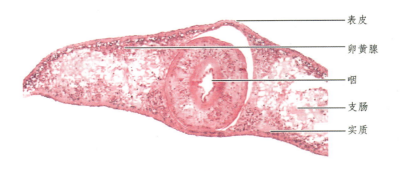

图 8-4 涡虫横切面图（10×10）

五、作业

（1）绘涡虫横切面图，注明各部分的名称。

（2）根据实验观察，比较涡虫应答刺激的运动方式与水螅有何不同？为什么会出现这些不同？

（3）与腔肠动物比较，扁形动物具有哪些进步性特征？这些特征有何进步性意义？

（4）扁形动物的哪些特征为动物由水生进化到陆生奠定了基本条件？说明理由。

实验 9
鸡法氏囊和血细胞形态观察

一、实验目的

（1）了解鸡乙醚麻醉-断头安乐死方法。

（2）熟悉鸡法氏囊的解剖位置和形态结构。

（3）掌握血液涂片的制备和瑞氏染色法。

二、实验原理

　　法氏囊位于鸟类泄殖腔后上方，因此又叫腔上囊，其囊壁充满淋巴组织，是鸟类特有的免疫器官。法氏囊与年龄有密切关系，一般在鸟类性成熟后逐渐消失。在养禽生产中，法氏囊病发病率高、危害大，严重影响禽类健康。熟悉法氏囊的解剖位置和形态结构，不仅是研究法氏囊病防治的基础，也有助于了解鸟类生物学特性。

　　血液是一类特殊的结缔组织，其主要细胞类型是红细胞，包括人类在内的哺乳动物红细胞没有细胞核，而鸟类红细胞具有细胞核。因此，了解鸟类红细胞形态亦有助于探究其生物学特征。

　　瑞氏染色法是基于瑞氏染料的细胞染色法，瑞氏染料由美蓝和伊红构成（甲醇作为溶剂）。甲醇可使美蓝和伊红离解，有色部分分别带正电荷和负电荷，因此可与细胞不同部位结合。使用瑞氏染色法可观察鸟类红细胞形态。

三、实验用品

　　（1）材料：42 日龄白羽肉鸡。

　　（2）器具：显微镜、解剖剪、剪毛剪、喷壶、一次性注射器、微量移液枪（含枪头）、载玻片、倒置光学显微镜、蜡笔、生物危险品垃圾处理袋、冰柜。

　　（3）试剂：乙醚、瑞氏染色液（包括缓冲液）、蒸馏水、75%乙醇。

四、实验方法和步骤

　　1. 鸡乙醚麻醉-断头安乐死

　　（1）乙醚麻醉。用无菌棉球蘸取乙醚，紧贴于鸡鼻孔处，2 ~ 3 min 后鸡可失去知觉。注意操作在通风良好处进行，操作者佩戴口罩。

　　（2）断头。用解剖剪（解剖剪提前用 75%乙醇消毒）从颈部将鸡头剪下，完成安乐死。若颈部羽毛影响操作，可事先用剪毛剪剪除部分羽毛。

2. 鸡法氏囊分离与形态观察

（1）鸡的解剖。用蒸馏水将鸡全身打湿，躺放于实验台，用解剖剪将两侧膝关节与胸部连接的皮肤剪开，用力按压髋关节脱臼，使躯体尽量平展。之后剪断胸骨末端与腹部连接的皮肤和肌肉等组织，打开腹腔。

（2）法氏囊分离与形态观察。在腹腔近肛门处找到泄殖腔，其后上方圆形囊状结构即法氏囊（直径 1～3 cm，重量约 2 g，见图9-1），可用解剖剪取下观察。正常法氏囊呈淡粉红色，在某些病变情况下，则呈现异常颜色，例如黄色或紫色；体积亦可发生明显变化，例如肿大。

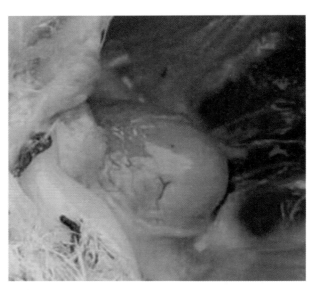

图 9-1　鸡法氏囊实拍（崔耀明摄）

3. 鸡血细胞形态观察

（1）血液涂片制备。在鸡断头时，可用注射器吸取少量血液，进行血液涂片制备。将 1 滴（5～10 μL）新鲜血液（非抗凝）滴至载玻片一端约 3/4 处，将推片（另一载玻片）接触血滴，使其横向展开，随后以 30°～40°夹角匀速推向载玻片另一侧，完成涂片。

（2）瑞氏染色。待血液涂片晾干后（约 1 h），用蜡笔在涂片两端划线，用于限制染色液流动外溢。将染色液滴加并覆盖于涂片之上，染色约 1 min。随后，滴加等量缓冲液，并轻轻摇晃载玻片使其充分混合，染色约 10 min。用蒸馏水缓缓洗去染色液，再次晾干后，镜检（见图9-2）。

（3）血细胞形态观察在显微镜下（10×40 倍），可观察到大量红细胞，整体呈椭圆形（细胞核亦呈椭圆形），细胞浆和细胞核分别显示天蓝色和蓝紫色。此外，血液涂片中还可观察到少量白细胞和血小板，与哺乳动物具有一定相似性。

4. 尸体无害化处理

解剖后剩余的尸体部分，可置于生物危险品垃圾处理袋，统一存放于冰柜暂存，随后按规定焚烧或深埋处理。

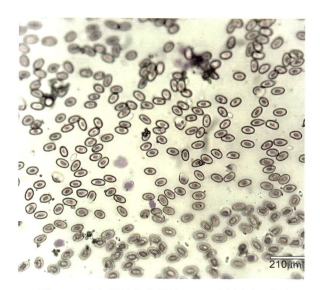

图 9-2　鸡血细胞染色图（10×40）（刘晴雨摄）

五、作业

（1）常见的鸡法氏囊疾病有哪些？主要症状分别是什么？

（2）血液涂片制备失败的原因包括哪些？

（3）思考为什么鸟类红细胞具有细胞核？

实验 10
小鼠解剖与主要脏器收集

一、实验目的

（1）熟悉手术器械灭菌步骤。

（2）掌握小鼠的抓取、固定和麻醉方法。

（3）掌握小鼠尾静脉注射操作。

（4）掌握小鼠解剖过程的技术要点。

（5）了解小鼠主要脏器特征。

二、实验原理

小鼠是目前全世界范围内生物医药研究中使用数量最多的实验动物，广泛应用于基因工程、人类疾病模型制备和药效及安全评价等领域。小鼠的脏器类型和结构特点与人类具有很大的相似性，因此了解小鼠的解剖特征是进行生物医药研究的基础。由于近年来实验动物福利和伦理的要求，小鼠的解剖操作一般需要按照标准操作规程进行。小鼠解剖前涉及抓取、固定和麻醉等过程，这些标准化操作是减少小鼠应激和痛苦，从而降低实验误差和确保后续实验顺利进行的技术基础。此外，小鼠的特点之一是体型小，其优势在于操作过程中总体投入的人力成本较低；另一方面，使得有些组织（例如血管和神经）不容易分离和获取。因此，解剖过程虽然可以单人完成，但很多操作也需要反复、不断练习才能达到熟练程度。

三、实验用品

（1）材料：清洁级或 SPF 级小鼠（BALB/c 或 C57BL/6 品系）。

（2）器具：金属盒、高压指示灭菌条、高压蒸汽灭菌器、小鼠固定器、一次性注射器及针头（5 号）、小鼠解剖板、手术刀柄（4 号）及刀片（23 号），解剖剪、手术镊、棉球、细棉绳、培养皿、离心管、玻璃瓶、生物危险品垃圾处理袋、冰柜。

（3）试剂：3%戊巴比妥钠溶液、生理盐水、福尔马林、75%乙醇。

四、实验方法和步骤

1. 解剖前准备

（1）手术器械灭菌。将手术器械（手术刀柄及刀片、解剖剪和手术镊）、棉球和细棉绳放入金属盒，以高压指示灭菌条封口，放入高压蒸汽灭菌器中灭菌，灭菌条件为 121℃，20 min，灭菌结束后待压力回零后取出备用。

（2）小鼠的抓取、固定和麻醉。用拇指和食指轻轻提起小鼠尾尖部，将小鼠抓取至实验台，引导小鼠进入固定器，关闭固定器尾盖（暴露尾巴），并调整固定器头盖位置，使小鼠处于制动且舒适状态，整个过程避免动作粗暴。用 75%乙醇擦拭小鼠尾部，使两侧静脉血管扩张，随后将尾巴轻轻向左或向右旋转 90°，使一侧静脉血管朝上。用手指捏住尾根，充盈血管，并且调整整个尾部处于平直状态。另一只手持注射器，通过尾静脉注射 3%戊巴比妥钠溶液进行麻醉，注射剂量为 1 mL·kg⁻¹ 体重。操作时，从尾尖 1/4 处进针，针头尽量与静脉保持平行（夹角 30°以内），轻推缓注，如无阻力且血管颜色变白，说明药液进入血管，再缓缓将剩余药液推入。注射完成后，用无菌棉球止血。

2. 解剖

（1）固定。将麻醉好的小鼠以仰卧姿势放置于小鼠解剖板，用细棉绳分别捆绑头部（固定头部时，将细棉绳一侧捆绑于门齿）和四肢，以固定小鼠。

（2）开腹/开胸/开颅与观察 75%酒精棉球消毒小鼠腹部、胸部和头部，持手术镊夹住并提起腹腔皮肤，用手术刀沿中线划开（约 1 cm，位于生殖器前），暴露腹腔后，用解剖剪剪开腹腔，观察胃、小肠、大肠、肝脏、脾脏和肾脏等器官。继续向上剪，打开胸腔，观察心脏、肺脏和主动脉。如有血液渗出影响观察，可用棉球吸血。将头部与躯干分离，用镊子固定头颅，解剖剪沿颅中线打开颅腔，观察大脑和小脑。观察时注意主要脏器的大小、形态特征，以及有无异常。

3. 主要脏器收集

（1）脏器分离。用手术镊或解剖剪将目标脏器与周围组织剥离（见图 10-1），用解剖剪剪断脏器与血管、神经的连接，再用手术镊取走脏器，放置于盛有生理盐水的培养皿中，清洗掉血液及其他污染物。

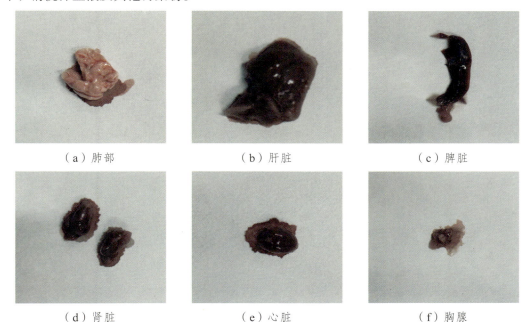

（a）肺部　　　　　　　　（b）肝脏　　　　　　　　（c）脾脏

（d）肾脏　　　　　　　　（e）心脏　　　　　　　　（f）胸腺

图 10-1　小鼠的主要脏器（乔汉桢摄）

（2）脏器保存。收集的脏器可用于后续研究。根据实验需要，将脏器或脏器某一部分分离后装入离心管，直接放于−80℃冻存；或将其放入福尔马林浸泡，常温保存。

4. 尸体无害化处理

解剖后剩余的尸体部分，可置于生物危险品垃圾处理袋，统一存放于冰柜暂存，随后按规定焚烧或深埋处理。

五、作业

（1）描述小鼠心脏、肝脏、脾脏、肺脏和肾脏的位置和主要特点。
（2）试述福尔马林保存动物器官的原理。
（3）思考实验动物为什么要进行安乐死？

实验 11
家兔耳缘静脉注射与热原实验

一、实验目的

（1）了解家兔耳形态和结构。
（2）掌握兔耳缘静脉注射方法。
（3）熟悉热原实验原理和操作步骤。

二、实验原理

作为一种常用的实验动物和特种经济动物，家兔具有独特的外形和生理特征，包括其大而长的耳部。因其耳部皮肤较为透明，耳中央动脉和耳缘静脉清晰且粗大，故兔静脉注射通常选用耳缘静脉位置。

热原实验可用于检查药物或医疗器械是否具有致热性，从而评价其生物安全性。由于兔对热原的刺激敏感，体温变化明显，以及耳缘静脉注射药物操作方便，因此兔广泛应用于热原实验。

脂多糖是革兰氏阴性细菌细胞壁的组成成分，由脂质和多糖构成，是一种常见的内毒素热原质。本实验通过耳缘静脉注射脂多糖，观察兔体温变化，从而熟悉兔耳缘静脉注射和热原实验方法。

当大量空气通过兔耳缘静脉进入血液之后，在静脉中形成致死性血栓，阻塞血管，从而造成兔快速死亡。因此，空气栓塞法是兔安乐死的常用方法之一。

三、实验用品

（1）材料：普通级或清洁级新西兰兔。
（2）器具：兔固定器、剪毛剪、一次性无菌静脉输液针、注射器、无菌棉球、医用体温计、生物危险品垃圾处理袋、冰柜。
（3）试剂：大肠杆菌脂多糖生理盐水溶液（15 μg·mL^{-1}）、75%乙醇、液体石蜡。

四、实验方法和步骤

1. 兔的抓取与固定

（1）抓取。右手轻轻抓住兔颈背部皮肤，左手托住兔臀部，使兔重心位于左手掌心。注意切勿抓取兔耳、腰部和四肢，且抓取时避免兔爪划伤操作者。

（2）固定。称重后，将兔放入固定器内，保持卧姿，头部和双耳露于固定器前端之外，盖好顶盖，调整前盖至合适位置并拧紧，使兔处于无不适的制动状态。

2. 兔耳缘静脉注射

（1）消毒。将兔耳（左右均可）轻轻拉直，在光线较好的情况下，可清晰看到两条耳缘静脉（若附近毛较多较长，影响注射，可用剪毛剪剪去一部分）。75%酒精棉球擦拭消毒，此步骤亦有助于扩张血管。

（2）注射。先轻弹血管，使血流量增加，然后用食指和中指夹住耳根部，使血管怒张，用拇指和无名指固定耳尖，使其处于拉直状态。从远心端部位，将输液针针尖以 30°~45° 夹角（针头斜面朝上）刺入耳缘静脉，进针距离 1 cm 左右。当有回血出现时，另一操作者缓推注射器，将大肠杆菌脂多糖生理盐水溶液（1 mL·kg^{-1} 体重）注入静脉中。注射完成后，用无菌棉球按压止血。

3. 兔体温监测与记录

（1）体温监测。通过肛门测温法，对兔的体温变化进行监测。将体温计插入兔肛门（深度 4 cm 左右）时，涂抹少许液体石蜡作为润滑剂，以防肛门疼痛和损伤。注意插入时动作轻缓且避免旋转。体温计置入 3 min 后取出读数。

（2）数据记录。在完成脂多糖兔耳缘静脉注射后，每 20 min 进行一次测量，共 4 次。记录并分析数据，观察体温是否升高，且升高是否超过 0.5 ℃。

4. 安乐死和尸体无害化处理

（1）安乐死。利用空气栓塞法对兔进行安乐死。操作时，注射器中抽入 10 ~ 20 mL 空气，按照耳缘静脉注射相似的过程进行空气注射。

（2）尸体无害化处理。方法与小鼠解剖实验相同，不再赘述。

五、作业

（1）兔耳缘静脉注射失败的常见原因是什么？

（2）什么是内毒素和外毒素？它们的致热机理是什么？

（3）兔的安乐死方法还有哪些？

实验 12

昆虫标本的制作

一、实验目的

（1）熟悉昆虫捕捉与毒杀的方法。

（2）掌握针插法制作昆虫标本的过程。

二、实验原理

昆虫标本的制作是观察和研究昆虫形态的基础，广泛应用于科研、科普，以及工艺品制作等。利用针插法制作昆虫标本，其成本低廉、步骤简单、易于操作，并且通过自然风干，可较好地保持虫体外形，是昆虫标本制作的常用方法。

三、实验用品

（1）材料：野生蝴蝶。

（2）器具：捕蝶网、毒瓶、三角纸袋、三角盒、昆虫针、展翅版、硫酸纸、镊子、标本盒、标签纸、记号笔。

（3）试剂：乙醚、樟脑丸。

四、实验方法和步骤

1. 捕捉、毒杀与装袋

（1）捕捉。在野外，使用捕蝶网捕捉蝴蝶。蝴蝶在空中飞舞时，一般捕捉效果较好。

（2）毒杀。将捕捉到的蝴蝶装入毒瓶（提前加入乙醚），进行毒杀。

（3）装袋。将蝴蝶尸体取出，保持其形体完好，翅正面向内对折，装入三角纸袋中，随后装入三角盒中保存。

2. 插针固定

到达实验室后，取出蝴蝶尸体，将合适大小的昆虫针从背面垂直插于中胸位置并贯穿，昆虫针上端约保留 1/3 长度；准备展翅板，将虫体置于板中间凹槽内，固定。将蝴蝶双翅平铺（呈自然状态，无折损），取两张硫酸纸，分别压在两翅上方；按照翅膀形态，围绕外侧插针固定。

3. 姿态调整

用镊子轻轻调整虫体为自然姿态，触角向前，前足和中足分别向前和向后。

4. 晾干与保存

在通风良好的室内自然晾干，将虫体取下放于标本盒中保存。标本盒中放置樟脑丸用于防腐。此外，标本盒需贴有标签，标明蝴蝶种类、采集人和采集地等信息（见图 12-1）。

柑橘凤蝶
分类：节肢动物门、昆虫纲、鳞翅目
拉丁名：*Papilio xuthus*

黑胸胡蜂
分类：节肢动物门、昆虫纲、膜翅目
拉丁名：*Vespa velutina nigrithorax*

图 12-1   昆虫标本图片（李翠香摄于河南自然博物馆）

五、作业

（1）除了针插法，还有哪些常用的制作昆虫标本的方法？

（2）若存放时间较长的坚硬昆虫尸体，在制作标本前如何回软？

实验 13
细胞水平的生物进化

一、实验目的

（1）比较真核生物和原核生物结构的异同点，了解线粒体来源的内共生学说。

（2）了解真核生物和原核生物在进化上的关系，建立细胞水平上进化的概念。

（3）了解植物细胞和动物细胞的异同点。

（4）初步掌握常规的细胞活体染色技术。

二、实验用品

（1）材料：大肠杆菌或枯草芽孢杆菌、人体口腔黏膜细胞、新鲜植物叶片。

（2）器具：光学显微镜、超净工作台、光照培养箱、载玻片、盖玻片、镊子、胶头滴管、解剖针、洗瓶、废液缸、吸水纸、酒精灯、消毒牙签、记号笔等。

（3）试剂：0.02%中性红染液或 0.02% 詹纳氏绿染液、0.9%生理盐水、番红染液、结晶紫或稀释石炭酸复红染液、蒸馏水。

三、实验方法和步骤

1. 细菌简单染色法观察

（1）涂片。临床标本或液体培养物可直接涂抹于洁净的载玻片上，固体培养的细菌先在载玻片上滴一滴生理盐水，然后用解剖针在培养基的菌落上轻点一下，取菌少许在生理盐水中磨匀，呈轻度混浊。涂好的菌膜大小一般以 1 cm² 左右为宜。

（2）干燥。涂片最好在室温下自然干燥，或将标本面向上，置于酒精灯火焰高处慢慢烘干，切不可在火焰上烧干。

（3）固定。细菌的固定常用火焰加热法，即将上述已干的涂片在火焰中迅速通过 3～5 次，温度以手能摸时热而不烫为度。目的在于杀死细菌,凝固细胞质,改变细菌对染料的通透性。

（4）染色。于已做好的涂片上滴加番红染液，结晶紫或稀释石炭酸复红染液，染色 1 min，以水冲洗至无颜色流下为止，自然干燥或以远火烘干后加盖盖玻片镜检（见图 13-1）。

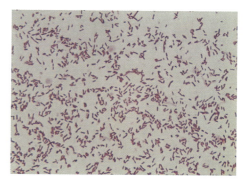

图 13-1　大肠杆菌的形态（10×100）
（黄亮摄）

2. 心叶日中花表皮细胞观察（选其他植物表皮细胞观察也可以）

取一个干净的载玻片，用胶头滴管在其 2/3 处加一滴蒸馏水，取新鲜植物叶片，用刀片在叶片背面横切一裂口，自裂口处与表面平行插入镊子撕取表皮，朝下放入载玻片的水滴中，盖上盖玻片，用吸水纸吸去多余水分，在显微镜下观察植物细胞的形态、大小、细胞器等（见图 13-2）。

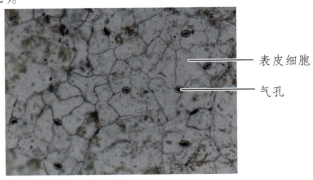

图 13-2　植物表皮细胞结构（10×10）

3. 人口腔黏膜上皮细胞 0.02%中性红溶液染色观察（可换用詹纳氏绿染液观察染色体的形态）

取一干净载玻片，滴加少许生理盐水，先漱口，用一干净牙签刮取少量口腔黏膜上皮细胞，涂到载玻片上的生理盐水中涂抹均匀，加盖盖玻片，用吸水纸吸去多余生理盐水，在盖玻片一侧滴加中性红染液，另一侧放一小块吸水纸，可以使染液流入盖玻片下边，将细胞染成浅红色。然后镜检，观察人体口腔黏膜细胞的形态及染色情况（见图 13-3），比较其与细菌形态及染色的异同点。比较植物细胞和动物细胞的异同点。

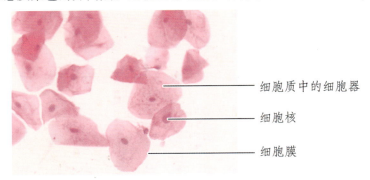

图 13-3　人口腔黏膜细胞（10×20）

四、作业

（1）写好预习报告，包括实验目的与原理、实验设备、实验材料与用品。

（2）根据观察结果，比较植物细胞中叶绿体和人体口腔黏膜细胞中线粒体的形态及染色情况与细菌形态及染色的异同点。

（3）根据观察结果，比较植物细胞和动物细胞的异同点。

五、知识拓展

地球上现存的有记载的生物种类有 200 多万种，还有许多种生物没有被人类发现，更何况已经绝灭的生物比现存的还要多很多。据估计，曾在地球上生活过的生物种类可能达到 5 亿～10 亿种，这么多的生物从无到有，从简单到复杂，从低等到高等，一批又一批地"踏上"地球，又"远离"地球走向灭亡，进行着自然界中生物的"新陈代谢"，这就是生物的进化。19 世纪，达尔文提出的以自然选择学说为核心的生物进化论，已被广大学者和社会民众普遍接受，任何理论一般都要随着人类知识的增加而改进，随着遗传学和分子生物学等现代生物科学的发展，达尔文的生物进化理论不断完善和发展，形成了以自然选择学说为基础的现代生物综合进化论。

地球上现存的种类纷繁复杂的生物与细胞内的各种亚细胞结构，是多少亿年漫长岁月的进化产物。真核细胞是由原核细胞进化而来，这是对细胞进化的一种合乎逻辑的解释。原核细胞与真核细胞的亲缘关系，表现在他们所共有的结构体系与功能体系上，有无细胞器是区别原核细胞与真核细胞的重要标志。既然真核细胞是由原核细胞进化而来，那么真核细胞的一系列重要的细胞器如何起源与演化是研究问题的核心。由于线粒体 DNA 与叶绿体 DNA 的发现，线粒体与叶绿体的内共生起源学说占有明显优势，根据线粒体和叶绿体的内共生起源学说，线粒体起源于一种细菌类的原核细胞，而叶绿体起源于蓝藻类的原核细胞，它们最早被原始的真核细胞吞入细胞内，与宿主进行长期的共生后，演化为重要的细胞器。1970 年 Margulis 在分析了大量相关资料的基础上提出了一种设想，认为真核细胞的祖先是一种体积巨大的，不需要氧气，具有吞噬能力的细胞，而线粒体的祖先——原线粒体则是一种革兰氏阴性菌，它们能进行糖酵解，还能利用氧气，把糖酵解的产物丙酮酸进一步分解获得更多的能量，当这种细菌被原始的真核细胞吞噬进细胞后，并没有被消化，原始真核细胞利用这种细菌获得更多的能量，而这种细菌则从宿主细胞获得更适宜的生存环境，这种共生一开始显然是"互利的"，随着时间的推移，原线粒体逐渐地失去了原有的一些特征。关闭与丢失了很多基因，但至今还保留着其原来的很多特征。与此类似，叶绿体的祖先可能是原核生物的蓝细菌（cyanobacteria）。当这种蓝细菌被原始真核细胞摄入后，为宿主细胞进行光合作用；而宿主细胞则为其提供其他的生存条件，经过漫长的进化过程，演化为现在真核细胞内的叶绿体。

该实验内容是从染料对细胞及其结构的染色特点这一角度来验证线粒体的内共生学说。

细胞内的许多结构在自然状态下近于无色，一般要经过染色后方可在光学显微镜下显示得比较清楚。不同的细胞组分对各种染料的亲和力不同，两者间亲和力强，染色就深，否则染色就浅或不染色，这样便能形成足够的反差以区分细胞的不同组分。一般生物染料不能穿透细胞膜，只有用化学试剂或物理方法固定细胞，破坏细胞膜结构后，染料才能进入细胞内部发挥其染色作用。有些染色剂对细胞无毒或毒性很小，能进入活细胞内，显示活细胞的某些结构，称为活体染料，活体染料多为碱性染料，如中性红、詹纳氏绿、亚甲基蓝、甲苯胺蓝等，它们能使细胞中某些特定结构着色，如中性红可以对细胞核进行染色，詹纳氏绿可以对线粒体进行染色等。

实验 14
生物微核的检测

一、实验目的

（1）通过实验了解各种环境污染对生物遗传性质的改变，增强环境保护意识。

（2）学习蚕豆或大蒜根尖的微核检测技术。

二、实验原理

微核简称（MCN），是真核生物细胞中的一种异常结构，往往是细胞经辐射或化学药物的作用而产生。在细胞间期细胞核形成时，即可在它附近看到一到几个很小的圆形或椭圆形结构，大小应在主核 1/3 以下，这就是微核。微核的折光率及细胞化学反应性质和主核一样。一般认为微核是由有丝分裂后期丧失着丝粒的断片产生的，但有实验证明整条的染色体或多条染色体也能形成微核。这些断片或染色体在细胞分裂后期不能向两极移动，所以游离于细胞质中。这一点和染色体畸变的情况一样。所以可用简易的间期微核计数来代替繁杂的中期畸变染色体计数。微核是常用的遗传毒理学指标之一，指示染色体或纺锤体的损伤。由于这种损伤会因细胞受到的外界诱变因子的作用而加剧，而微核产生的数量和诱变因子的剂量或辐射累积效应呈正相关，因此可以用微核出现的频率来评价环境诱变因子对生物遗传物质的损伤程度。

有研究显示以植物进行微核测试与以动物进行的一致率可达 99% 以上。利用蚕豆根尖作为实验材料进行微核测试，可准确地显示各种处理诱发畸变的效果，被我国生态环境部收录为环境监测标准，广泛应用于环境质量和食品安全性评价。如自来水或河流水的水质检测，食用辣条提取液检测等。

三、实验用品

（1）材料：蚕豆种子或大蒜（一般环境检测用这两种植物较多，但此文所附图片为小麦根尖细胞结构）。

（2）器具：光学显微镜、10 mL 刻度试管、镊子、载玻片、盖玻片、胶头滴管、培养皿、滤纸。

（3）试剂：

① 重铬酸钾（50 $mg·L^{-1}$）、环磷酰胺（1 $mg·mL^{-1}$）等。

② 改良苯酚品红溶液或醋酸洋红染液。

③ 简化卡诺氏固定液（由 3:1 的乙醇和冰醋酸配制）。

④ 水解分离液：HCl 与乙醇 1:1 混合配制。

四、实验步骤

1. 材料处理

蚕豆种子或大蒜洗净后，室温下用蒸馏水浸泡 24 h，然后移入铺有纱布的白瓷盘中培养，保持湿度，在 25 ℃温箱中催芽 12～24 h，大部分初生根长至 1～2 cm 左右，根毛发育良好，这时即可用来进行检测了。

用被检测液处理根尖。每一处理选取 10～20 株初生根尖生长良好、根长一致的材料，放入盛有被检测液的培养皿中，用被检测液浸泡根尖。同时，取另一培养皿以蒸馏水处理根尖，作为对照。处理时间约为 6～48 h（此时间可根据实验要求和被检测液的浓度等情况而定）。

将处理后的根尖用蒸馏水浸洗三次，每次 2～3 min。将洗净的材料再放入铺好滤纸或脱脂棉的白瓷盘内 25 ℃恒温箱中恢复培养 22～24 h。

2. 固定

固定是借助于物理方法或在化学药剂的作用，迅速透入植物或动物组织和细胞将之杀死，并且使其结构和内含物如：蛋白质，脂肪，糖类以及核物质与细胞器等，在形态结构上尽可能保持生活时的完整和真实状态，同时更易于染色，可以清楚地显示细胞在生活时不易看清的结构。

将恢复后的培养材料从根尖顶端切下 1 cm 长的幼根放入 10 mL 试管中，以卡诺氏固定液进行固定 2～24 h，固定液的用量为材料体积的 15 倍以上。

3. 水解分离

水解分离的作用是去除未固定的蛋白质，同时使胞间层的果胶类物质解体，细胞分散易于观察。取处理好的材料，放在试管内加水解分离液 2 mL，室温下处理 8～20 min，倒去水解分离液，再加入固定液 2 mL，进行软化 5 min，软化对细胞壁起腐蚀作用，然后倒去固定液，用蒸馏水反复冲洗使材料呈白色微透明状，以镊子柄能轻轻压碎为好。

4. 染色压片（注意区分两种不同处理的材料）

改良苯酚品红溶液染色法：切取根尖分生组织放在载玻片上横切成几段，盖上盖玻片，用镊子柄或铅笔头轻敲几下，再用拇指用力下压，注意不要使玻片移动，分开两个玻片，各滴上 1～2 滴染液，20～30 min 后加上盖玻片，注意不要有气泡产生，用吸水纸吸去多余染液。

5. 镜检及微核识别标准

将玻片标本放在显微镜的低倍镜下观察（见图 14-1），找到细胞分散均匀、核膨大、染色良好的区域（也可在高倍镜下观察），每个处理观察 100 个细胞，记下微核数（两个处理分别记录）。

微核识别标准：

（1）在主核大小的 1/3 以下，并与主核分离的小核。

（2）小核着色与主核相当或稍浅。

（3）小核形态为圆形、椭圆形或不规则形状。

每一处理观察 3 个根尖，每个根尖计 100 个细胞中的微核数并进行记录。

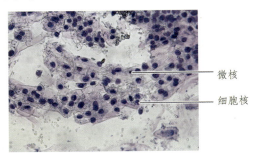

图 14-1　光镜下小麦根尖细胞结构（10×10）

五、注意事项

（1）经过固定的材料如不及时使用，可以经过 90%乙醇换到 70%乙醇中各半小时，换入 70%乙醇，0～4 ℃保存半年，再观察时换用固定液再处理一次，效果较好。

（2）秋水仙素或环磷酰胺使用剂量过大，会导致细胞核变形，并非形成微核，故在实验中应多设浓度梯度处理或进行预实验。

六、作业

（1）实验报告每人一份，当场上交，要求写出每处理每人记数的微核数及本组平均各处理微核率。

	微核数/100 个细胞			平均微核率
	1	2	3	
对照				
处理				

（2）为什么要进行根尖细胞的恢复培养？

（3）有一种粉末状的化学制剂，如何确定它是否有致突变的作用？

（4）在一般良好的自然环境中，动物或植物的细胞是否会出现微核？为什么？

七、知识拓展

1. 改良苯酚品红溶液配制

（1）原液 A 的制备：取 3 g 碱性品红溶解在 100 mL 的 70%乙醇中，此溶液可以长期存放。

（2）原液 B 的制备：将原液 A 10 mL 加入 90 mL 的 5%苯酚水溶液中，此溶液在 2 周内使用效果最佳。

（3）染色液的制备：取原液 B 90 mL，加入 12 mL 冰醋酸和 12 mL 的 37%甲醛，这样就得到了苯酚品红母液。

（4）改良苯酚品红染色液的最终配制：取 10 mL 上述制备的苯酚品红染液，加入 90 mL 45%的冰醋酸和 1.8 g 山梨醇，这样得到的就是改良苯酚品红染色液。需要注意的是，刚配制的染色液染色效果可能不佳，放置 2 周后效果较好。

改良苯酚品红溶液适用于植物组织压片法和涂片法，染色体着色深，保存性好，使用 2～3 年不变质。山梨醇为助渗剂，也有稳定染色液的作用，没有山梨醇也能染色，但效果不好。

此外，改良苯酚品红染色液的使用注意事项包括：

① 染色液应保存在室温避光条件下。

② 使用前应让染色液恢复至室温，以确保最佳的染色效果。

③ 如果染色液呈粉红色，则需要重新配制，因为这可能表示溶液已经变质或不适合使用。

2. 1%醋酸洋红染液配制

（1）准备材料：需要 45 mL 冰醋酸、55 mL 蒸馏水、1 g 洋红和 1 颗铁锈钉。

（2）混合和加热：将冰醋酸和蒸馏水混合后加热煮沸，然后加入洋红，搅拌均匀。

（3）加入铁锈钉：在混合液中加入一颗铁锈钉，继续煮沸 10 min。

（4）冷却和过滤：煮沸后让混合液冷却，然后过滤掉未溶解的物质。

（5）储存：将过滤后的染液储存在棕色瓶内，放入冰箱冷藏，以避免光线直接照射导致染液褪色。

这种方法配制的醋酸洋红染液可用于生物学实验中细胞核和染色体的染色，特别是在涂抹法和压碎法中，它能够帮助固定和染色材料，能使染色体染成深红色，细胞质成浅红色。使其在显微镜下更易于观察。洋红是优良的细胞核染料，染色的标本不易褪色，也可染黏液、肝糖原。

1% 醋酸洋红本身是酸性，但是它是碱性染料，酸性和碱性染色剂的界定并非由染料溶液的 pH 决定的，而是根据染料物质中助色基团电离后所带的电荷来决定的。一般助色基团带正电荷的染色剂为碱性染色剂，助色基团带负电荷的染色剂为酸性染色剂。

实验 15
植物组织的观察

一、实验目的

（1）掌握植物临时玻片标本的制作方法。

（2）掌握光学显微镜下植物细胞的基本结构及各部分的特征。

（3）了解和掌握植物组织的类型、特征及其在植物体内的分布。

二、实验背景与原理

　　组织是具有相同来源的同一类型或不同类型细胞组成的结构和功能单位。根据发育程度、生理功能和形态结构，植物组织可分为分生组织和成熟组织两大类。

　　分生组织通常位于植物体生长的部位（植物根尖和茎尖），具有持续分裂产生新细胞的能力，类似动物体内的干细胞。依据在植物体中分布的位置，分生组织可以分为顶端分生组织、侧生分生组织和居间分生组织。

　　成熟组织是在器官形成时，由分生组织衍生的细胞发展而成的。根据生理功能上的不同和形态结构上的差异，一般把成熟组织分为基本组织、保护组织、机械组织、输导组织和分泌组织。

三、实验用品

　　（1）材料：洋葱鳞茎、心叶日中花、芹菜、西红柿、棉花、梨、植物根尖纵切片、蚕豆叶下表皮切片、小麦叶下表皮切片、南瓜茎纵切片及横切片、椴树二年茎横切片、毛茛根横切片和柑橘果皮横切片。

　　（2）器具：光学显微镜、载玻片、盖玻片、镊子、单面刀片、滴管、解剖针、洗瓶、擦镜纸、废液缸、吸水纸、酒精灯、记号笔等。

　　（3）试剂：0.1%亚甲基蓝染液或0.1%中性红染液、盐酸间苯三酚溶液。

四、实验内容和方法

（一）分生组织

　　分生组织是指其细胞永久地或较长时间地保持细胞分裂能力，能够产生新细胞的组织。分生组织使植物体能长期保持生长的潜能。

　　按分生组织的位置，可分为顶端分生组织、侧生分生组织和居间分生组织三类；按其来源和性质可分为原分生组织、初生分生组织和次生分生组织。

位于根和茎或其分枝顶端的分生组织称为顶端分生组织，又称为生长点。取洋葱根尖切片，置于光学显微镜下观察，先在低倍镜下找到根尖的前端，根尖从前端向上可分为根冠、分生区、伸长区和成熟区四个部分。从中找出分生区并移到视野中央换高倍镜观察，分生区细胞的特点：细胞外形小，染色深，细胞质浓，核相对较大且位于细胞中央，液泡小或无，细胞壁薄，细胞排列整齐，无细胞间隙，细胞内少见后含物（见图 15-1）。

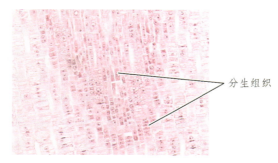

图 15-1　植物根尖的分生组织（10×20）

（二）基本组织

基本组织在植物体中占很大比例，具有同化、贮藏、通气和吸收等功能，基本组织主要由薄壁细胞组成，又称薄壁组织。其特征是细胞体积较大，细胞壁薄，细胞质少，液泡较大，只有初生壁，细胞排列疏松，有大的细胞间隙。基本组织较少分化，一定条件下可恢复分裂能力。

根据功能，基本组织可分为同化组织、贮藏组织、通气组织和吸收组织四种类型（如图 15-2）。

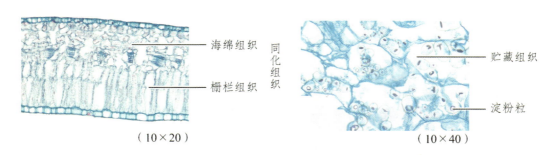

图 15-2　植物的基本组织

（三）保护组织

1. 表皮

（1）洋葱鳞茎叶表皮细胞的观察。

取洋葱鳞茎叶一片，用单面刀片在内表面上切 3～5 mm 正方格。用镊子将内表面切下的内表皮夹起，放在加有一滴蒸馏水的载玻片上，并用解剖针轻轻地展平，然后加上盖玻片，置低倍显微镜下观察。细胞略呈长方形或楔形。每个细胞内有一卵圆形的细胞核，核内有时可以看到 1~2 个核仁。在高倍镜下，调节光线至适宜强度时，可以看到细胞外围有一双层结构的细胞壁。转动细调节器，仔细观察，在细胞内能看到内含颗粒的细胞质。在细胞质中，有充满着细胞液的液泡。为了更明显地区别细胞质和细胞核，可在盖玻片的一侧滴少许 0.1% 亚甲基蓝染液或 0.1% 中性红染液，从另一侧用小片吸水纸吸引，将染液引到标本上，1~2 min 后，细胞核就会染成浅蓝色。另取心叶日中花叶片做临时切片，进行表皮细胞的观察，比较和洋葱鳞茎表皮细胞的不同，是否有气孔、角质层和表皮毛等附属物（见图 15-3）。

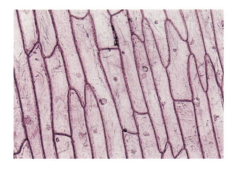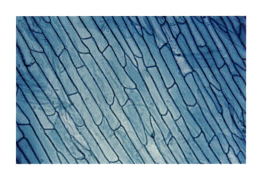

0.1% 中性红染色（10×20）   0.1% 亚甲基蓝染色（10×10）

图 15-3　洋葱鳞茎表皮细胞

（2）小麦叶下表皮细胞的观察。

取小麦叶下表皮细胞切片，在光学显微镜下用低倍镜观察，其表皮细胞排列较为规则，由长细胞和短细胞相间排列，不含叶绿素，细胞之间有气孔，由两个哑铃形的保卫细胞和两个副卫细胞构成（见图 15-4）。

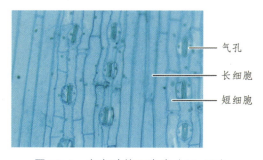

气孔
长细胞
短细胞

图 15-4　小麦叶的下表皮（10×20）

2. 周皮

在根、茎的加粗过程中，初生的表皮往往脱落，在内侧产生次生保护组织——周皮。周皮包括木栓层、木栓形成层和栓内层。观察椴树二年茎横切片，最外一层深色的组织为木栓层。其细胞排列整齐，细胞壁栓质化，原生质体解体。同时，注意观察木栓形成层及栓内层。另外，可以观察木本植物的树皮，均为多年形成的周皮，周皮上有不同形态的皮孔（见图 15-5）。

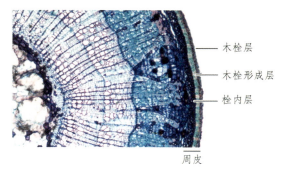

　　木栓层

　　木栓形成层

　　栓内层

　　周皮

图 15-5　椴树二年茎中的周皮（10×10）

（四）机械组织

1. 厚角组织

　　在南瓜幼茎横切片中，位于表皮细胞下方的 1～2 层细胞，细胞壁出现不均匀加厚，此为厚角组织。厚角组织是由于细胞的初生壁加厚不均匀产生的，加厚常发生于细胞的角隅处，故称厚角组织（见图 15-6）。取芹菜叶柄做徒手横切，制成临时装片，在显微镜下观察厚角组织所在部位，注意其纤维素堆积在细胞棱角部分内侧。这些细胞群即为厚角组织。

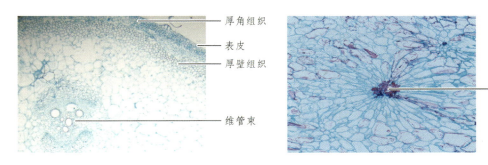

厚角组织

表皮

厚壁组织

维管束

石细胞

图 15-6　南瓜茎横切面中的厚壁组织（4×10）　　图 15-7　梨果肉中的石细胞（10×10）

2. 厚壁组织

　　厚壁组织分为两类，一类是纤维，一类是石细胞。纤维两端尖锐，而石细胞多为等径。

　　（1）纤维：取棉花纤维，在显微镜下观察，细长、两端尖的细胞即纤维。注意对纤维细胞壁及纹孔的观察。

　　（2）石细胞：取梨靠近中央的果肉，取其中的硬颗粒置于载玻片上用解剖刀柄压碎，用盐酸间苯三酚溶液染色后加盖玻片，在显微镜下观察，可见大型的薄壁细胞中包围着一种暗色的石细胞群（见图 15-7），这类细胞形状不规则，近于等径，其次生壁极厚且高度木质化，由于次生壁极厚，细胞腔小，次生壁上可见很多同心增厚的层次，以及放射状的纹孔道。

（五）输导组织

　　植物的输导组织有两种，一种是导管和管胞，主要运输水分和无机盐；另一种是筛管和伴胞，是运输有机物的通道。

1. 木质部（导管和管胞）

在显微镜下，观察南瓜茎纵切片。首先找到木质部（维管束内侧染成红色的部分），可见管状的导管分子，两导管分子相连处的横壁消失，彼此连接成为筒状。在向日葵茎的横切面上导管和管胞是染成红色的厚壁细胞，导管的主要类型有以下五种：

（1）螺纹导管：有木质化增厚的次生壁，呈螺旋带状绕加在初生壁的内侧。

（2）梯纹导管：木质化增厚的次生壁部分呈横条状突起，与未老增厚的初生壁相间排列，似梯形。

（3）网纹导管：木质化增厚的次生壁呈凸起的网状，"网眼"为未增厚的次生壁。

（4）环纹导管：木质化增厚的次生壁呈环状，平行排列于初生壁的内侧。

（5）孔纹导管：导管壁大部分木质化增厚，未增厚部分形成许多纹孔。这些纹孔多为具缘纹孔，有时也有单纹孔的。

在被子植物中管胞常伴随导管而存在于木质部，管径小，细胞两头尖，管胞间没有穿孔，靠细胞壁上的纹孔相连通。管胞是蕨类植物及裸子植物中运送水分与无机盐的主要结构。取松树木质部的离析材料少许，在显微镜下，看到许多两头尖的长形细胞即管胞。仔细观察细胞壁及细胞腔的特点。

2. 韧皮部（筛管和伴胞）

用低倍镜观察毛茛根横切面和南瓜茎纵切片（见图 15-8、图 15-9），在木质部的外侧染成蓝绿色的薄壁细胞为韧皮部（南瓜茎中为双韧维管束），有一些包含有细胞质的口径较大的管状细胞，为筛管。与导管分子不同，两相邻筛管分子的横壁并不消失，而是形成筛板结构。在高倍镜下，可见连接上、下两个筛管分子的端壁-筛板。筛板的外周略微膨大，其上有许多小孔即筛孔。筛管无细胞核，其细胞质常收缩成 1 束，离开侧壁，两端较宽，中间较窄，这就是通过筛孔的原生质丝，比胞间连丝粗大，特称为联络索。在筛管旁边常有小型横切面呈三角形或形状不规则的薄壁细胞，具有细胞核，染色较深即为伴胞。

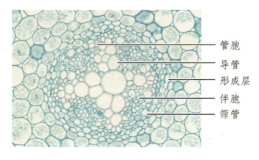

图 15-8　毛茛根横切面中的维管束（10×10）

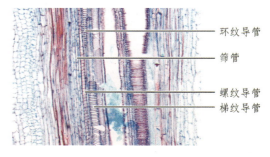

图 15-9　南瓜茎纵切中的维管束（10×10）

（六）分泌组织

分泌组织是植物体内能产生分泌物质的细胞或细胞组合。包括外分泌结构（蜜腺、腺毛、盐腺、腺鳞、排水器）和内分泌结构（分泌细胞、分泌腔、分泌道和乳汁管）两类。取柑橘果皮永久切片，观察油囊的结构（见图 15-10）。可见油囊内部有椭圆形腔隙，腔隙四周可见到部分损坏溶解的细胞，腔内有浅黄色的挥发油。

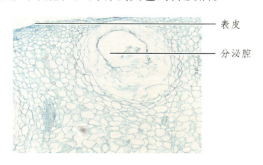

图 15-10　橘子果皮横切中的油囊（10×10）

五、作业

（1）绘出南瓜茎横切片图。
（2）列表总结各种组织的类型、位置、特点和功能。

实验 16
植物营养器官的变态

一、实验目的与要求

（1）认识各种植物根、茎、叶的不同变态类型。
（2）了解植物根、茎、叶变态后的形态结构和生理功能。

二、实验用品

（1）材料：白萝卜、胡萝卜、甘薯、玉米根及苞叶、常春藤、吊兰、菟丝子吸器、马铃薯、姜、洋葱、蒜、荸荠、芋头、藕、芦苇的根状茎、竹叶蓼、葡萄茎、皂荚枝、仙人掌、洋槐枝、豌豆茎、猪笼草、水葫芦等。
（2）器具：手术刀、放大镜。

三、实验操作及观察

在自然界中，有些植物的营养器官，适应不同的环境，行使特殊的生理功能，其形态结构就发生变异，经历若干世代以后，越来越明显，并成为这种植物的特性，这种现象称为营养器官的变态。植物的根、茎、叶都有变态的现象。

（一）根的变态

常有以下几种：

（1）肉质直根。这类根是胚根和胚轴发育来的，变态根内薄壁组织发达，细胞内贮藏着大量的营养物质。如白萝卜、胡萝卜。

（2）块根。由不定根或侧根发育而来，在形态上不规则，而且生成多个块根，用于贮藏营养物质，主要是淀粉。如甘薯块根、大丽花块根。

（3）气生根。为不定根变态，生长在空气中，有多种不同功能。

① 支持根：一些浅根系的植物，从茎周围长出许多不定根，向下深入土中，形成能够支持植物体的辅助根系，如玉米根。

② 攀缘根：爬山虎、常春藤茎上长出的不定根，能分泌粘液，起固定植物体的作用。

③ 呼吸根：海边红树林茎下部长出的不定根有呼吸功能，兼有固着作用。吊兰气生根也有呼吸功能。

（4）吸器（或称寄生根）。也是不定根的变态，它们直接伸入到寄主的组织中，吸收生活所需要的物质，因而严重影响寄主植物的生长。如菟丝子，它的叶退化，不能进行光合作用，茎缠绕在寄主的茎上，靠生出不定根吸收寄主营养物质为生。

（二）茎的变态

1. 地下茎变态

地下茎变态是生长于土壤中的枝条，它的形态结构发生明显变化，但仍保持枝条的基本特征，常见的根状茎、块茎和鳞茎。

（1）根状茎：匍匐生长于土壤中，是长得特别像根的一种地下茎。藕、芦苇、竹根状地下茎，具有节、节间及退化的鳞片，节间上还有芽，用于贮藏营养物质。

（2）块茎：为短粗的肉质地下茎，常呈球状、椭圆形或不规则块状，贮藏有丰富的营养物质。顶端有顶芽，侧面有螺旋状排列的侧芽，每个侧芽上可以有几个芽，相当于腋芽的主芽和副芽，马铃薯、姜均为块茎，生长在地下，但仍可见上面顶芽及螺旋排列的芽迹，说明它们是变态的茎。

（3）鳞茎：是扁平或圆盘状的地下茎，节间极度短缩，顶端有一个顶芽，称鳞茎盘。其上着生许多层鳞片状叶，叶腋可生腋芽，如：洋葱、大蒜、水仙、百合等。

（4）球茎：荸荠、芋头、甘蓝主茎基部膨大成球状，其上具有节、腋芽、不定根及退化的鳞片，主要用于贮藏营养物质。

2. 地上茎的变态

（1）匍匐茎：是指细软，不能直立，沿地面生长的茎。基部的旁枝节间较长，每个节上可生叶、芽和不定根，与整体分离后能长成新个体，故可用以进行人工营养繁殖。如草莓，甘薯。

（2）茎卷须：由茎变态成的具有攀援功能的卷须。如黄瓜和南瓜的茎卷须发生于叶腋，相当于腋芽的位置，而葡萄的茎卷须是由顶芽转变来的，在生长后期常发生位置的扭转，其腋芽代替顶芽继续发育，向上生长，而使茎卷须长在叶和腋芽位置的对面，使整个茎成为合轴式分枝。

（3）茎刺：由茎转变为刺，如山楂、皂荚等茎上的刺称为茎刺或枝刺，由腋芽发育而成，刺内部与茎的木质部相连不易脱落，用于保护植物体。

（4）肉质茎：由茎变态成的肥厚多汁的绿色肉质茎，可进行光合作用，发达的薄壁组织已特化为贮水组织，叶常退化，适于干旱地区的生活。如仙人掌类的肉质植物，变态茎可呈球状、柱状、或扁圆柱形等多种形态。

（5）叶状茎：茎扁化变态成的绿色叶状体。叶完全退化或不发达，而由叶状枝进行光合作用。如昙花、令箭、文竹、天门冬、假叶树和竹节蓼等的茎，外形很像叶，但其上具节，节上能生叶和开花。

（三）叶的变态

（1）叶卷须：如豌豆的叶为具有多片叶的复叶，复叶顶端的两片小叶变成卷须。叶卷须和茎卷须一样，都有将植株攀缘在其他物体上的功能。

（2）叶刺：是叶或叶的一部分的变态，仙人掌叶刺具有保护机能，酸枣、洋槐的托叶变成坚硬的刺，起着保护作用。

（3）苞叶：是生于花下面的一种特殊的叶子，对花、果实有保护作用。如：玉米雌穗基部密生叶子变态形成的苞叶。

（4）鳞叶：叶特化或退化成鳞片状，称为鳞叶。有两种情况。

① 有的木本植物鳞芽外的鳞叶，对芽起保护作用，也称芽鳞，如：杨树芽的鳞叶呈褐色，具有茸毛、粘液。

② 地下茎上的鳞叶，有肉质和膜质两种。

肉质：鳞茎上的鳞片，肥厚多汁，富含营养，如洋葱、百合、大蒜。

膜质：地上茎节上膜质退化的叶。如：藕、荸荠、慈姑等。

（5）捕虫叶：食虫植物的叶能捕食小虫，这些变态的叶有呈瓶状，顶部还有一小盖，用于捕食昆虫。如猪笼草；有的为囊状，如狸藻；有的呈盘状，如茅膏菜。在捕虫叶上有分泌粘液和消化液的腺毛，当捕捉到昆虫后，由腺毛分泌消化液，将昆虫消化并吸收。

（6）变态叶柄：新鲜水葫芦（也叫凤眼莲）的叶柄变态成囊状，用于贮藏空气。

四、作业

（1）植物的变态器官在进化上有什么意义？

（2）除了以上变态器官外你还知道有哪些变态器官？

实验 17
花的形态、组成和结构及花序类型

一、实验目的

（1）观察认识被子植物花的外部形态和组成。
（2）学会解剖花，使用花程式描述花的方法。
（3）掌握常见花序的类型和结构特点。

二、实验用品

（1）材料：各种植物新鲜的花蕾或花朵、小麦穗、油菜的角果、紫藤和花生的荚果、花药横切永久切片等。
（2）器具：体视显微镜或放大镜、镊子、解剖针、刀片、载玻片、盖玻片、吸水纸、擦镜纸、蒸馏水。

三、实验内容

（一）双子叶植物花的结构

双子叶植物花的结构如图 17-1 所示。

图 17-1　双子叶植物花的结构（倪子富绘）

1. 花柄与花托

花柄是每朵花着生的枝，它具有支持花的作用，同时又是营养物质由茎运输到花的通道。花柄顶端略膨大的部分为花托，它的节间很短，花萼、花冠、雄蕊、雌蕊着生于花托上。

2. 花萼

在花的最外层，由若干萼片组成，萼片多为绿色，能进行光合作用，有保护幼花的功能，大多数植物的萼片各自分离，如油菜，也有的萼片下端联合成萼筒，上端留有几个裂片，如：柿子。萼片的形状和数目是植物分类的标准之一。萼片一般为一轮，也有两轮的情况，外轮称为副萼，如：棉花。开花后很多植物的花萼和花瓣脱落，但也有花萼留在果实上，如：茄子的花萼常留存，称为萼宿存。

3. 花冠

位于花萼的内侧，不同植物的花冠形态各异，颜色不一，花冠有分离的，有合生的，所以有离瓣花和合瓣花之分。如桃花是离瓣花，喇叭花是合瓣花。依花冠的形状还可以分为：整齐花冠，如十字花冠、筒状花冠和蔷薇形花冠；不整齐花冠，如：蝶形花、舌状花和唇形花（见图17-2）。

（a）漏斗形花冠　　　　　（b）蝶形花冠　　　　　（c）钟状花冠
（牵牛，旋花科）　　　　（扁豆，豆科）　　　　　（南瓜，葫芦科）

（d）唇形花冠　　　　　　（e）十字花冠　　　　　（f）舌状花和管状花
（金鱼吊兰，苦苣苔科）　（油菜，十字花科）　　　（波斯菊，菊科）

（g）筒状花冠（蓝雪花，白花丹科）　　　（h）文心兰（兰科特有花冠，兰科）

图 17-2　花冠的类型

花萼与花冠合称为花被。花被可分为以下三种：

（1）双被花。花中有花萼和花冠的花称为双被花，如：南瓜、茄子、豌豆的花。

（2）单被花。花中仅有一轮花被的花称为单被花，即有花冠无花萼，或有花萼而无花冠的花。如：吊兰、桑的花。

（3）无被花。花中既无花萼也无花冠的花称为无被花，也称为裸花。如：杨树、柳树的花。

4. 雄蕊

位于花冠内侧，雄蕊由花丝和花药构成。

（1）花丝。植物的花丝一般是等长的，也有植物的花丝长度不一致，如二强雄蕊，四强雄蕊。一般植物的花丝是相互分离的，但也有些植物的花丝是连合的。根据花丝连合成束的数目，可分为单体雄蕊、二体雄蕊、三体雄蕊和多体雄蕊。

（2）花药。位于花丝的顶端，是雄蕊的主要部分。在显微镜下观察花药的横切结构，一般由四个花粉囊构成，分为左右两半，中间有药隔相连，花粉囊中可产生花粉。各雄蕊的花药分离，但有些雄蕊的花药彼此连合而花丝分离，叫聚药雄蕊。

5. 雌蕊

位于花的中央位置，包括柱头、花柱和子房。

（1）柱头。柱头是雌蕊顶端接受花粉的地方，故常扩散成球状、羽毛状等，柱头还常分泌黏液用来接受花粉。

（2）花柱。花柱是位于柱头下方连接柱头和子房的细长部分，它一方面可以支持柱头，另外也是花粉管进入子房的通道。

（3）子房。雌蕊基部膨大的部分是子房，成熟后发育为果实。

子房着生在花托上的位置有三种，如图 17-3 所示。

（a）子房上位　　　　　　　（b）子房中位　　　　　　　（c）子房下位

图 17-3　子房的着生位置

子房上位：子房仅基部与花托愈合。

子房中位：子房下半部与花托愈合。

子房上位：子房全部与花托或花筒愈合。

子房内生长胚珠，外为子房壁，胚珠在授粉后发育为种子，子房壁发育为果皮。

在观察花的结构时，不同植物的花结构差异很大，注意区分两性花、单性花和无性花。一朵花既有雌蕊又有雄蕊的为两性花，如杏花。缺少雄蕊或雌蕊的称为单性花，杨树、柳树的花。既无雄蕊又无雌蕊或雌蕊雄蕊退化的花称为无性花（或中性花），如向日葵花盘周围的条状花。

（二）单子叶植物花的结构

以小麦花为例来看单子叶植物花（见图 17-4），小麦花是两性花，其结构包括 1 枚外稃、1 枚内稃、3 枚雄蕊、1 枚雌蕊、和两枚浆片构成。这种花的排列方式是复穗状花序，通常称为麦穗。麦穗由穗轴和小穗两部分组成，穗轴直立且不分枝，包含许多小节，每个节上着生 1 个小穗，小穗则包含 2 枚颖片和 3-9 朵小花。小麦花没有花瓣，被称为颖花。

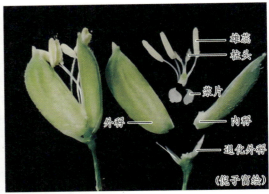

图 17-4   小麦花的结构

（三）练习用花程式描述花的结构

1. 花各组成部分所用符号

K：表示花萼（Kelch，德文）

C：表示花冠（corolla）

P：单被花的花被（perianthium）

A：表示雄蕊群（androecium）

G：表示雌蕊群（gynoecium）

* 表示辐射对称花

↑表示两侧对称花

＋ 表示某部分排列的轮数关系（一轮以上）

－（短横线）表示子房位置。

$\underline{G}$ 表示子房上位，$\overline{G}$ 表示子房下位

字母下的数字，表示各轮的数目，缺少一轮记："0"，数目多于花被的两倍，即为多数，用："∞"来表示，如果某一部分的各单位互相联合，可在数字的外面加上"（）"，如果某一部分有 2 轮或 3 轮，可在各轮数目间加上"＋"，$\underline{G}$表示子房上位，$\overline{\underline{G}}$表示周位子房，$\overline{G}$表示下位子房，在 G 右下角有 3 个数字，分别表示构成该子房的心皮数、子房室数和每室胚珠数，数字之间用"："隔开。♀表示雌花，♂表示雄花。

如：桃花花程式：♀♂↑$K_{(5)}C_5A_{(9),1}\underline{G}_{1:1:∞}$

泡桐花花程式：↑$K_{(5)}C_5A_{2,2}\overline{G}_{2:2:∞}$

百合花花程式：*P₃+3A₃+3G（3：3）

（四）花序的类型

花序：植物的花在花轴上的排列方式称为花序。被子植物的花序可分为无限花序和有限花序两大类。

1. 无限花序

花由花序轴的基部向顶端依次开放，即下方花先开放，上方花后开放，而花序轴顶端在一定时期内保持生长的能力，所以可以继续生长，根据花序轴的长短，形态和是否分枝，以及花梗的有无和长短等特征，又可将无限花序分为下列几种类型，参见图 17-5。

（a）总状花序
（毛地黄，玄参科）

（b）圆锥花序
（玉米，禾本科）

（c）穗状花序
（鸡冠花，苋科）

（d）伞房状穗状花序
（美女樱，马鞭草科）

（e）伞形花序
（韭菜，百合科）

（f）肉穗花序
（红掌，天南星科）

（g）隐头花序（无花果，桑科）

（h）头状花序（菊花，菊科）

图 17-5　无限花序的部分类型

（1）总状花序。

油菜和毛地黄等植物的花序，花序轴较长，花轴上着生许多小花，小花有明显的花柄，相邻小花的花柄长度相等或相近。

（2）伞房花序。

蔷薇科如：苹果的花序，花序轴较短，下部花柄较长，近顶端的花柄最短，整个花序的小花在顶部几乎排列在一个平面上。美女樱的穗状花序顶生，多数小花密集排列成伞房形。

（3）伞形花序。

韭菜或葱的花序，花序轴极短，许多花从顶部一起长出，花柄等长，呈四面放射状排列，形状如伞形。

（4）穗状花序。

车前草和鸡冠花的花序为穗状花序，花序轴较长，花轴上着生许多无柄的小花。

（5）柔荑花序。

杨、柳的雌花序，胡桃的雄花序，花序轴柔软，常下垂，花轴上着生许多小花，花无柄，单性，开花后整个花序脱落。

（6）肉穗花序。

玉米的雌花序、红掌的花序轴肉质化，呈棒状，肉质肥大，花轴上着生许多小花。花无柄。

（7）隐头花序。

无花果的花序是较为特殊的一种花序，其花序轴的顶端膨大、中间凹陷成囊状，许多花隐藏在囊状体内，从外面无法观察，只能用刀片将其纵切后观察。囊内着生许多小花，一般上部为雄花，下部为雌花。

（8）头状花序。

向日葵、蒲公英或菊花等菊科植物的花序，花轴较短，但顶部膨大，向外延伸，呈盘状，各苞叶常集中成总苞，花盘上着生许多无花柄的小花。

（9）圆锥花序。

蓝花鼠尾草和玉米的雄花序，整个花序形如圆锥，称圆锥花序。其主轴分枝，每个分枝均为总状花序，故又称复总状花序。

（10）复伞形花序。

胡萝卜、小茴香等植物的花序，花轴顶端丛生若干长短相等的分枝，每一分枝为一个伞形花序，所有分枝又排列成伞形花序，故称之为复伞形花序。

（11）复伞房花序。

花序轴的分枝呈伞房状排列，每一分枝也是一个伞房花序，如：石楠。

（12）复穗状花序。

小麦、高粱的花序，花序轴有一或两次穗状分枝，每一分枝为一穗状花序，即小穗。

2. 有限花序

有限花序即聚伞花序类，花序顶端或中央的花先开放，然后逐渐向下或向外开放，因此花序主轴不能继续生长，由苞片腋部长出侧生的花序持续生长。有限花序分为以下类型（见图 17-6）。

（1）单歧聚伞花序。

美人蕉、唐菖蒲等植物的花序，花序轴合轴分枝，花序顶端着生一小花，侧枝每次从一侧或两侧生出。

（2）二歧聚伞花序。

番茄、茄子和石竹的花序，花序轴呈假二叉分枝，轴顶生一花，侧生两枝，两个侧生的枝又顶生一花，下面再侧生两枝，持续不断。

（3）多歧聚伞花序（也称复聚伞花序）。

大叶铁线莲和泽漆的花序，同二歧聚伞花序，只是分枝多于两个。

（a）单歧聚伞花序（美人蕉，美人蕉科）　　　（b）二歧聚伞花序（石竹，石竹科）

（c）多歧聚伞花序（大叶铁线莲，毛茛科）

图 17-6　有限花序的类型

四、作业

（1）绘制一种常见花卉的纵切面图，标出各部分的名称。

（2）画出十种常见植物的花序示意图。

（3）采集几种植物的花，从花冠类型、花的性别、子房位置、心皮合生或离生、花瓣轮数、花瓣数目、花序类型等进行分类识别观察，并根据观察结果填写下表。

植物名称	花序类型或无	花萼（颜色、数目、合生/离生、有无副萼）	花冠（颜色、数目、合生/离生、类型）	雌蕊（数目、合生/离生、子房几室、胚珠数）	雄蕊（数目、合生/离生、类型）	子房类型	花程式

实验 18
植物果实和种子的结构和类型

一、实验目的与要求

了解和掌握植物果实与种子的结构与类型。

二、实验用品

（1）材料：不同植物的果实（西红柿、柿子、西瓜、黄瓜、橘子、桃、苹果、花生、洋槐、紫荆果、牡丹、芍药、八角、棉花、百合、牵牛花、虞美人、油菜、白菜、荠菜、独行菜、向日葵、荞麦、玉米、稻、小麦、榆树、槭树、臭椿、板栗、榛子、胡萝卜、茴香、草莓、莲子、玉兰、菠萝、桑椹、无花果等）。

（2）器具：解剖针、手术刀、放大镜、小镊子。

三、实验内容

（一）真果与假果

1. 真果

真果仅由子房发育而成的果实，取桃的果实纵剖观察，真果的外面为果皮，是由子房壁发育而来，通常可分为外、中、内三层，外果皮一般较薄，食用部分为肉质的中果皮，内果皮为木质化硬壳，果皮内为种子，种子由胚珠发育而来。

2. 假果

假果是除子房以外还有花的其他部分共同参与形成的果实。最常见的是子房与花被或花托等一起形成的果实，如苹果、梨等。取苹果用刀横剖观察，食用部分主要是花萼筒肉质化膨大部分，三层果皮被包在中央，种子在里面。

（二）单果、聚合果与聚花果

1. 单果

一朵花中的雌蕊参与形成的果实，就是单果。这种单果可由一个心皮形成，也可以由2 至多数心皮合生而成，如桃（1 心皮）、苹果（5 心皮合生）。

单果的类型：

（1）肉质果：果皮肉质化的果实。

①浆果：外果皮薄，中果皮、内果皮和胎座均肉质化并充满液汁，内含一至多粒种子。如葡萄、茄子、柿、猕猴桃、番茄、香蕉。

②瓠果：由子房和花托共同发育而来，是假果。肉质部分为果皮或胎座。如南瓜、冬瓜、甜瓜可食部分为中果皮和内果皮；黄瓜、西瓜可食部分主要是胎座。

③柑果：由复雌蕊的中轴胎座发育而成，外果皮革质，并且有油腔；中果皮疏松，网状；内果皮膜质囊状，囊内生出许多肉质化腺毛，为主要食用部分，如柑橘、橙子。

④核果：包括外果皮、中果皮、内果皮及种子等部分。外果皮由单层细胞的表皮层，及皮下层的厚角组织所构成，表皮上被有大量表皮毛。中果皮肉质化，即为可食部分，内果皮坚硬木质化，由多层石细胞构成，形成果核。如桃、李、杏、樱桃、枣等。

⑤梨果：由子房、花托愈合形成的假果，外、中果皮与花托没有明显界限，均肉质化，内果皮革质化，如苹果、梨。

（2）干果：果实成熟后果皮干燥。根据果皮是否开裂又分为裂果和闭果两类。

①裂果：果皮在成熟后可能开裂。

a. 荚果：为单心皮形成的果实，果实成熟后由背、腹两条缝裂开，如豆科植物的种子；但荚果也有特殊情况，有时不开裂，如花生；还有的呈念珠状也不开裂，如槐树果实。

b. 蓇葖果：单心皮或多心皮离生，果实成熟后沿一条缝开裂的果实。如八角、牡丹果实、芍药果实。

c. 角果：由两心皮组成，子房一室，在两心皮合生处生出一假隔膜，将子房隔为二室，果实成熟后沿两腹缝线开裂，只留下假隔膜，这是十字花科的特征。果实较长的称为长角果，如油菜、白菜的果实；果实较短，近圆形或三角形的称为短角果，如荠菜，独行菜的果实。

d. 蒴果：由两个或两个以上心皮组成的果实，是合生雌蕊发育而来的，果实成熟后开裂方式有多种：

纵裂：自果实的长轴方向开裂，如棉花、百合、牵牛花。

盖裂：在果实顶部形成环状横裂，呈盖状开裂，如马齿苋。

孔裂：在果实心皮顶部仅裂一小孔，如虞美人。

②闭果：果实成熟后果皮不开裂。

a. 瘦果。果皮与种皮分离，果内含有一枚种子，如向日葵、荞麦。

b. 颖果：俗称种子，果皮与种皮愈合，不易分离，内含一粒种子。在禾本科植物中比较常见，如小麦、大麦、水稻、玉米等粮食颗粒，颖果是果实的一种类型，属于单果，是禾本科特有的果实类型，颖果这一名称得自小麦的花被，不同于其他大多数有花植物，小麦以及很多禾本科植物的花没有明显的花被，花萼退化为颖片，花瓣退化为稃片，成熟的小麦果实中颖片会包裹在种子表面，故而得名。

c. 坚果：果皮坚硬，内含一粒种子。如板栗，外面为褐色坚硬的果皮，在果实外还有带刺的壳，为花序总苞发育而来。榛子、松子也是坚果。

d. 翅果：果皮伸展成翅状，翅有单翅，也有双翅。如榆属、槭属植物果实及臭椿果实。

e. 双悬果：由两心皮发育而来，果实成熟后分为两瓣，并悬于中央果柄上端，为伞形科果实特征。如胡萝卜果实、茴香果实。

2. 聚合果

一朵花中有许多分离的雌蕊，以后每个雌蕊均形成一个小果，并聚生于同一个花托上形成的果实。如草莓、芍药、牡丹、毛茛果、蔷薇果和八角等。草莓果也是假果；从结构上看，称其为聚合瘦果；八角为聚合蓇葖果。

3. 聚花果（复果）

聚花果（复果）是由整个花序发育形成的果实。如菠萝的果实由许多花聚生在肉质花序轴上发育而成；桑椹，来源于多个雌花序，各花的子房发育成一小坚果，包藏于肥厚多汁的花萼内，食用部分为许多肉质化的花萼；无花果，以肉质化的凹陷的花序轴为可食用部分，其内着生许多小坚果。

（三）被子植物种子的类型

被子植物的种子可分为双子叶植物有胚乳种子（如：蓖麻）、双子叶植物无胚乳种子（如：大豆）、单子叶植物无胚乳种子（如：慈菇）、单子叶植物有胚乳种子（如：小麦）。种子的内部结构不再详细介绍，学生课后自主学习。

四、思考题

如何区分真果和假果？如何区分单果、聚合果和聚花果？

五、作业

（1）绘制出常见果实的横切面图，标出各部分结构的名称。
（2）根据课堂观察完成下表的内容。

果实类型	代表植物

实验 19
植物组织水势的测定

水势是水的化学势，植物细胞与相邻细胞或外界环境之间水分的移动，取决于细胞水势的大小，水总是从水势高的部分向水势低的部分移动。

水势的测定方法可分为三大类：液相平衡法（包括小液流法，折射仪法测水势）、压力平衡法（压力室法测水势）和气相平衡法（热电偶湿度计法、露点法）。

当植物组织细胞内的汁液与其周围的某种溶液处于渗透平衡状态，植物细胞内的压力势为零时，细胞汁液的渗透势就等于该溶液的渗透势。该溶液的浓度称为等渗浓度。小液流法和折射仪法都是利用等渗浓度来测定植物组织水势的。

方法一   小液流法

一、实验目的与要求

学习用小液流法测定植物组织水势的方法。

二、实验原理

当把植物组织放在溶液中，两者便会发生水分交换。植物组织的水势低于外液的渗透势（溶质势），组织吸水，外液浓度变大；植物组织的水势高于外液的渗透势（溶质势），组织失水，外液浓度变小；若两者相等，则水分交换保持动态平衡，外液浓度保持不变；同一种物质浓度不同时其比重不一样，浓度大的比重大，把高浓度的溶液一小液滴放到低浓度溶液中时，液滴下沉；反之则上升。

根据外液浓度的变化情况即可确定与植物组织相同水势的溶液浓度。根据公式（19-1）即可计算出外液的渗透势，即为植物组织的水势。

三、实验用品

（1）材料：植物叶片或枝条。

（2）器具：放大镜、打孔器、试管架、试管、移液管、洗耳球、温度计、0.1 mL 弯头滴管、称量瓶、吸水纸。

（3）试剂：1 mol·L^{-1} 的蔗糖溶液、蒸馏水。

四、实验步骤

（1）将 1 mol·L⁻¹ 的蔗糖溶液分别配成 0.1、0.2、0.3、0.4、0.5、0.6 mol·L⁻¹ 的蔗糖溶液各 10 mL，分别注入 6 支编号的试管中，加塞摇匀。

（2）从配制好的试管中各取 2 mL 到相应编号的称量瓶中。

（3）用打孔器在植物叶片的不同部位打取叶圆片，混匀，每个称量瓶随机放入 10 ~ 20 片。盖上盖子。放置 20 ~ 30 min，其间摇动数次，以加速水分平衡。

（4）染色：用接种针沾微量甲烯蓝粉末加入称量瓶中，摇匀，溶液变蓝（干燥针头先用蒸馏水湿润，加入的甲烯蓝量一定，使各瓶中颜色基本一致）。

（5）观察液滴升降：

用 0.1 mL 弯头滴管取称量瓶中溶液约 0.1 mL，插入相应浓度试管中部，缓慢放出一滴蓝色溶液，轻轻取出弯头滴管，观察蓝色液滴的移动方向并记录。（用白纸画一直线置于试管背面，方便观察）找出液滴不动的蔗糖溶液，记录其浓度和温度。

五、结果计算

根据公式（19-1）求出组织的水势。

水势计算公式：

$$\varPsi_w = \varPsi_s = -icRT \tag{19-1}$$

式中：$\varPsi_w$ 为植物组织水势，$\varPsi_s$ 为溶液的渗透势（MPa）；

　　　　i 为溶液的等渗系数（解离系数），蔗糖溶液的等渗系数为 1；

　　　　c 为溶液的摩尔浓度（mol·L⁻¹）；

　　　　R 为摩尔气体常数（0.08314 L·MPa·mol⁻¹·K⁻¹）；

　　　　T 为热力学温度（K），又称绝对温度，即 273+t，其中 t 为摄氏温度。

六、作业

（1）简述小液流法测定植物组织水势的原理。

（2）测定并计算植物组织的水势。

七、注意事项

（1）所取植物材料组织部位、大小要一致，不要取带伤口的叶片。

（2）测定植物组织水势时，所用玻璃器皿要洁净、干燥。

（3）打取叶圆片时要避开叶脉，打孔要迅速，防止失水。

（4）加甲烯蓝粉末的量不能过多，7 个称量瓶内加的量要尽量保持一致。

方法二　折射仪法

一、实验目的与要求

掌握折射仪法测定植物组织水势的原理与方法。

二、实验原理

利用折射仪可以测定溶液的折光率，折光率的大小与溶液的浓度和温度有关，温度一定时，溶液浓度变大，其折光率就提高；浓度变低，折光率下降；如果浓度不变，其折光率也不变。因此，将待测的植物组织放入不同浓度的外液中，经过一段时间后，若其水势低于外液时，植物组织吸水，外液浓度上升，其折光率变大；反之则变小。若折光率不变，说明外液与植物组织的水分达到了动态平衡，此时外液的渗透势即等于所测植物的水势。根据植物组织的质量或外液浓度的变化情况即可确定与植物组织相同水势的溶液浓度，然后根据公式（19-1）计算出溶液的渗透势即植物组织的水势。

三、实验用品

（1）材料：植物叶片或枝条。

（2）器具：阿贝折射仪、打孔器、试管架、试管、5 mL 移液枪、枪头、温度计、胶头滴管、称量瓶、擦镜纸、吸水纸、镊子。

（3）试剂：1 mol·L^{-1} 的蔗糖溶液、蒸馏水。

四、实验步骤

（1）将 1 mol·L^{-1} 的蔗糖溶液分别配成 0.1、0.2、0.3、0.4、0.5、0.6 mol·L^{-1} 的蔗糖溶液各 10 mL，分别注入 6 支编号的试管中，加塞摇匀。

（2）用折射仪分别测定 1～6 管的折光率，记录结果。

（3）用打孔器打取叶圆片（钻孔器的直径为 8 mm），分别放入盛有 4 mL 上述不同浓度蔗糖溶液的称量瓶中（每瓶 10 个叶圆片）。叶圆片要全部浸在溶液中，盖上塞子，平衡 30 min，中间多次摇动，以加速水分平衡。然后用折射仪测定各瓶中糖液的折光率并记录下来，分析各自的水分状况，如表 19-1 所示。

表 19-1　不同浓度糖液的折光率及植物组织水势变化

蔗糖浓度/（mol·L^{-1}）	0.1	0.2	0.3	0.4	0.5	0.6
反应前折光率						
反应后折光率						
折光率变化						
反应液浓度变化						
植物组织水势变化						

（4）通过分析上表的数据，比较平衡前后的测定结果，找出折光率未变的糖液浓度或平均相邻两管（折光率一个增加，一个降低）的浓度值，即为等渗浓度 c。

（5）用温度计测量室温或蔗糖溶液温度，根据公式（19-1）求出组织的水势。

五、作业

（1）简述折射仪法测定植物组织水势的原理。

（2）测定并计算植物组织的水势。

六、注意事项

（1）所取植物材料组织部位、大小要一致，不要取带伤口的叶片；

（2）测定植物组织水势时，所用玻璃器皿要洁净、干燥；

（3）打取叶圆片时要避开叶脉，打孔要迅速，防止失水；

（4）折射仪前后两次测定时的温度要保持一致。

七、思考题

在干旱地区生长的植物其水势较高还是较低？为什么？

方法三　压力室法

一、实验目的与要求

掌握压力室法测定植物组织水势的原理与方法。

二、实验原理

植物叶片可以通过蒸腾作用不断地向周围环境中散失水分，产生了蒸腾拉力，导管中的水分在蒸腾拉力和水的内聚力作用下形成连续的水柱。所以，正常进行蒸腾作用的植物其导管中的水柱承受着一定的拉力或负压，使水分可以连续不断地向上运输。

当将叶片或枝条切断时，木质部中的液流由于拉力的解除迅速缩回导管。若将切断的叶片或枝条装入压力室槽中，切口向上，逐渐加压，直到导管中的液流恰好在切口处出现时，所施加的压力正好抵偿了完整植株导管中的原始负压，这时的压力值（常称为平衡压）将叶片水势提高到相当于大气中开放导管内液体渗透势的水分。通过导管周围活细胞细胞膜进入导管的汁液其渗透势接近于零（溶质含量极低），所以有下式成立：

$$P+\Psi w = \Psi s = 0 \qquad （19\text{-}2）$$

$$\Psi w = -P$$

式中：P 平衡压（正值），Ψw 为植物叶片或枝条的水势，Ψs 导管汁液的渗透势。

三、实验用品

（1）材料：植物叶片或枝条。

（2）器具：压力室式水势测定仪、充满压缩氮气的钢瓶、单面刀片、放大镜、纱布。

四、实验步骤

（1）取样。

选取供测定的样品，用锋利的单面刀片在枝条或叶柄基部切一斜面，切割后根据植物材料选取适合枝条（或叶片）的压力室盖，将试样立即装入压力室盖的孔（或槽）中夹紧，切面端向上露出 2 mm，压入压力室并顺时针旋转固定。

（2）测定。

打开钢瓶阀门，使控制阀朝下加压，缓慢打开测定阀，使加压速率达 $0.05\ MPa \cdot s^{-1}$，用放大镜仔细观察伸出压力室盖的植物样品，一旦发现切面有液体溢出，立即关闭测定阀，记录压力表读数。组织 $\varPsi w(Mpa)$ = −压力室压力表读数

测定完一个样品后，将控制阀旋转到放气位置，注意放气时速度不宜过快，等样品室的气体全部放出，压力表读数显示是 0 MPa 时取出样品，再进行下一样品的测定。

五、作业

（1）简述压力室法测定植物组织水势的原理。

（2）测定并计算植物组织的水势。

六、注意事项

（1）仪器使用前，压力表、钢瓶以及其他部件都要进行严格检查，以防显示失灵或受压爆炸。

（2）装样品时螺旋环套不要拧太紧，以免压伤植物组织。

（3）加压时速度不能太快，接近叶片水势时加压速度要缓慢，否则会影响测量的准确性。

（4）加压时面部不要对着螺旋环套正上方，应从侧面用放大镜观察切面是否有溶液渗出。

（5）高压钢瓶有危险，搬运或使用时应注意安全。

方法四　露点法（用于活体原位测定）

一、实验目的与要求

（1）了解和掌握露点法测定植物组织水势的方法。

（2）了解测定植物组织水势的各种方法的优缺点。

二、实验原理

将叶片或组织汁液（测渗透势）密闭在体积很小的样品室内，经一定时间后，样品室内的空气和植物样品将达到温度和水势的平衡状态。即：气体的水势（也是蒸气压）等于叶片的水势（或组织汁液的渗透势），测出样品室内空气的蒸气压，便可得知植物组织的水势。空气的蒸气压与其露点温度具有严格的定量关系，露点水势仪便通过测定样品室内空气的露点温度而得知其蒸气压。

三、实验用品

（1）材料：植物叶片或枝条。
（2）器具：露点水势仪、打孔器、擦镜纸、吸水纸、镊子。

四、实验步骤

（1）取材：取植物叶片，用打孔器打取叶圆片 1 片。
（2）植物材料的平衡：逆时针旋转露点水势仪样品室上部调节旋钮，打开样品室。用镊子将叶圆片放入样品槽平衡 20 min，将样品槽推入样品室，旋紧样品室顶端的旋钮，然后测定，读数为电势差，电势差与水势呈线性函数，比例系数为 $-7.5\mu V/MPa$。

样品水势（MPa）＝读数 $\mu V/(-7.5\mu V/MPa)$

测定结束后，打开样品室上部的旋钮，推出样品室，用吸水纸和擦镜纸清理样品室的植物组织。

五、作业

（1）简述露点法测定植物组织水势的原理。
（2）测定并计算植物组织的水势。

六、注意事项

在使用样品室时，不要将样品放得高出样品室小槽。测定完成后，一定要将样品室顶部旋钮拧得足够高后才可把样品室的拉杆拉出，否则会损伤热电耦，露点水势仪如果长期放置不用，重新使用时电池必须充满电。

实验 20
质壁分离法测定植物组织渗透势

一、实验目的与要求

观察不同植物组织在不同浓度蔗糖溶液中细胞质壁分离的现象，掌握利用细胞质壁分离来测定植物组织渗透势的方法。

二、实验原理

植物细胞的细胞壁允许水分和溶质自由通过，但细胞质膜是有选择通透性的半透膜。正常情况下，细胞壁与细胞质膜是紧贴在一起的，但当植物细胞处于高渗溶液中时，细胞中的水渗出，整个原生质体收缩，细胞膜逐渐与细胞壁脱离，这就是质壁分离，胞外液浓度越高原生质体收缩得越显著。若将已经发生质壁分离的细胞再移入低渗溶液或水中，水又会重新进入细胞，于是原生质体逐渐恢复原状，即出现了质壁分离的复原。但如果高渗溶液的浓度太高，则会对细胞质膜造成损伤，使质壁分离的细胞不能再复原。

当将植物组织放入不同浓度蔗糖溶液中，经过一定时间的渗透平衡，植物细胞内的压力势为零时，细胞的渗透势就等于该蔗糖溶液的渗透势，此时该蔗糖溶液的浓度称为等渗浓度。

实际测定时，用不同浓度蔗糖溶液观察植物细胞的质壁分离时，引起临界质壁分离的溶液浓度与尚不能引起质壁分离的溶液浓度的平均值即为细胞的等渗浓度，继而求出细胞的渗透势。

三、实验用品

（1）材料：植物叶片如洋葱鳞片、鸭跖草叶片或蚕豆叶片等。

（2）器具：光学显微镜、眼科镊、载玻片、盖玻片、单面刀片、培养皿、胶头滴管等。

（3）试剂：$1 \ mol \cdot L^{-1}$ 的蔗糖溶液、蒸馏水。

四、实验步骤

（1）将 $1 \ mol \cdot L^{-1}$ 的蔗糖溶液分别配成 0.1、0.2、0.3、0.4、0.5、0.6 $mol \cdot L^{-1}$ 的蔗糖溶液各 10 mL，分别注入 6 支编号的培养皿中，摇匀。

（2）选用有色素的洋葱鳞片、紫鸭跖草、苔藓、红甘蓝或黑藻、丝状藻等水生植物，也可用蚕豆、玉米、小麦等植物叶的表皮。撕取下表皮，迅速分别投入各种浓度的蔗糖溶液中，使其完全浸入，5～10 min 后，从 0.6 $mol \cdot L^{-1}$ 开始依次取出表皮薄片放在滴有同样溶液的载玻片上，盖上盖玻片，于低倍显微镜下观察，如果所有细胞都产生质壁分离的现象，则取低浓度溶液中的制片作同样观察，并记录质壁分离的相对程度。实验中必须确定一个引起 50%以上细胞原生质刚刚从细胞壁的角隅上分离的浓度，和不足 50%细胞不引起质壁分离的最高浓度。

（3）在找到上述极限浓度时，用新的溶液和新鲜的叶片重复进行几次实验，直至有把握确定为止。在此条件下，细胞的渗透势与两个极限溶液浓度的平均值的渗透势相等。并将结果记录下来。

五、计算

根据下式计算植物细胞的渗透势：

渗透势计算公式：

$$\Psi_s = -icRT$$

式中：Ψ_s 为植物细胞渗透势，单位为 MPa；

i 为溶液的等渗系数（解离系数），蔗糖溶液的等渗系数为 1；

c 为溶液的摩尔浓度（$mol \cdot L^{-1}$）；

R 为摩尔气体常数（$0.08314\ L \cdot MPa \cdot mol^{-1} \cdot K^{-1}$）；

T 为热力学温度（K），又称绝对温度，即 $273+t$，其中 t 为摄氏温度。

六、思考题

（1）植物细胞的渗透势和水势有什么区别？它对水分进出细胞有何影响？

（2）不同植物细胞的渗透势是否相同？为什么？

七、注意事项

（1）撕下的植物表皮必须完全浸没在蔗糖浓度中。

（2）在显微镜下观察植物表皮时必须保证切片中的植物材料不失水。

（3）为保证实验结果的准确性，用一种新植物材料做实验时，必须多次观察记录结果。

实验 21
钾离子对气孔开闭的影响

一、实验目的与要求

（1）了解气孔运动和保卫细胞积累 K^+ 的密切关系。
（2）掌握气孔运动的机理。

二、实验原理

　　叶片的表皮对内部细胞起保护作用，表皮细胞壁厚，排列紧密，表皮细胞间常镶嵌有许多气孔，它们是叶片与外界环境之间进行气体交换和水分蒸腾的通道，它们既要让光合作用需要的 CO_2 通过，又要防止过多的水分损失（见图 21-1、图 21-2）。气孔两侧的保卫细胞有控制和调节气孔开闭的作用，保卫细胞的膨压直接影响气孔的开闭，进而影响叶片的光合作用、蒸腾作用等生理代谢的速率，所以研究气孔的开闭有着非常重要的意义。

　　关于气孔运动的 K^+ 积累学说认为，气孔运动主要是钾离子调节保卫细胞渗透系统的缘故。在光照下，保卫细胞叶绿体通过光合磷酸化合成 ATP，活化了保卫细胞膜上的 H^+-ATP 酶，使 K^+ 主动吸收到保卫细胞中，K^+ 离子浓度增高引起渗透压下降，保卫细胞水势降低，导致保卫细胞吸水膨胀，从而使气孔张开。

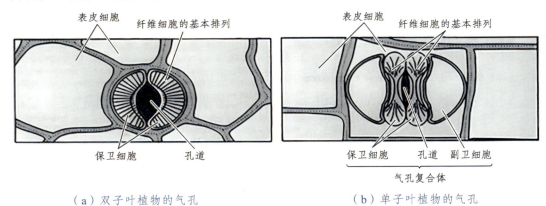

（a）双子叶植物的气孔　　　　　　　　　　（b）单子叶植物的气孔

图 21-1　被子植物的气孔示意图（引自 Meidner）

　　双子叶植物的气孔：保卫细胞肾形，内壁厚，外壁薄，在内外壁之间由微纤丝相连。当保卫细胞吸水膨胀时，外壁伸长向外扩张，并通过微纤丝将扩张的力量作用于内壁，把内壁拉开，使气孔张开。

　　禾本科植物的气孔：保卫细胞呈哑铃形，中间部分细胞壁厚，两头细胞壁薄。微纤丝径向排列。当保卫细胞吸水膨胀时，微纤丝限制两端细胞壁纵向伸长。只能横向膨大，将两个保卫细胞的中部拉开，使气孔张开。

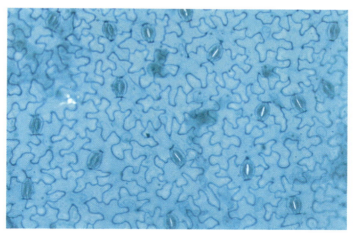

（a）蚕豆叶的下表皮

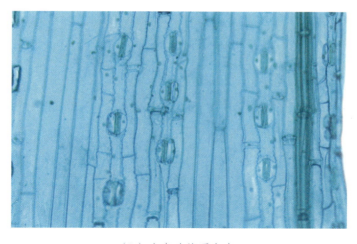

（b）小麦叶的下表皮

图 21-2　被子植物的气孔图（10×10）

三、实验用品

（1）材料：植物叶片。

（2）器具：光学显微镜、眼科镊、载玻片、盖玻片、光照培养箱、培养皿、胶头滴管。

（3）试剂：0.5% KNO₃ 溶液、0.5% NaNO₃ 溶液、蒸馏水。

四、实验步骤

（1）取 3 个培养皿编号，分别加入 10 mL 的 0.5% KNO₃ 溶液，0.5% NaNO₃ 溶液，蒸馏水。

（2）撕下植物叶表皮放入上述 3 个培养皿中。

（3）将 3 个培养皿放入 25 ℃恒温箱中，保温使溶液温度达到 25 ℃。

（4）取出培养皿置于人工光照条件下照光 30 min。

（5）分别取出叶表皮放在载玻片上，加盖玻片，在显微镜下观察不同情况下气孔的开度。

五、结果分析

统计并比较三种溶液中气孔的张开情况，并说明原因。

六、思考题

钾离子引起气孔开闭的机理有哪些？你认为哪种说法比较合理？

实验 22
TTC 法测定根系活力

一、实验目的与要求

（1）理解测定植物根系活力的意义。

（2）掌握根系活力测定的原理与方法。

二、实验原理

氯化三苯基四氮唑（TTC）是标准氧化还原电位为 80 mV 的氧化还原物质，溶于水中成为无色溶液，但被还原后即生成红色而不溶于水的三苯基甲腙（TTF），反应式如图 22-1 所示。

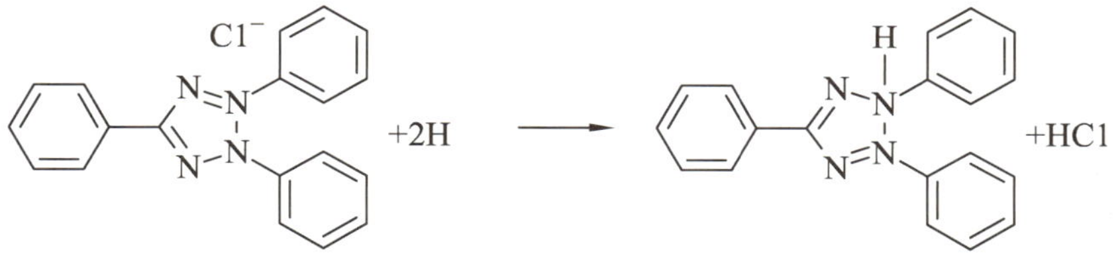

图 22-1　TTC 还原反应式

生成的 TTF 比较稳定，不会被空气中的氧自动氧化，所以 TTC 被广泛用作氧化还原酶的氢受体，植物根系所引起的 TTC 还原，可因加入琥珀酸、延胡索酸、苹果酸等得到增强，而被丙二酸、碘乙酸所抑制，所以 TTC 的还原量能表示脱氢酶的活性，并作为测定根系活力的指标。

三、实验用品

（1）材料：小麦幼苗。

（2）器具：紫外可见分光光度计、电子天平（感量 0.1 mg）、恒温振荡箱、研钵、150 mL 三角瓶、漏斗、移液枪（带枪头）、25 mL 刻度试管、10 mL 容量瓶、小培养皿、试管架、石英砂。

（3）试剂：

① 乙酸乙酯。

② 连二亚硫酸钠（NaS_2O_4，为强还原剂，俗称保险粉）。

③ 质量分数为 1% 的 TTC 溶液：准确称取 TTC 0.1 g，溶于少量蒸馏水中，定容至

100 mL。

④ 质量分数为 0.4% 的 TTC 溶液：准确称取 0.4 g，溶于少量蒸馏水中，定容至 100 mL。

⑤ 磷酸缓冲液（1/15 mol·L^{-1}，pH = 7.0）。

⑥ 1mol·L^{-1} 硫酸：用量筒取相对密度为 1.84 的浓硫酸 55 mL，边搅拌边加入盛有 500 mL 蒸馏水的烧杯中，冷却后稀释至 1 000 mL。

⑦ 0.4 mol·L^{-1} 琥珀酸钠：称取六水琥珀酸钠 10.81 g，溶于蒸馏水中，定容至 100 mL。

四、实验步骤

1. 定性测定

（1）配置反应液，把质量分数为 1% 的 TTC 溶液，0.4 ml·L^{-1} 琥珀酸钠和磷酸缓冲液按 1：5：4 比例混合。

（2）把幼苗的根用清水洗净，从根尖端向上 1 cm 处剪下，将剪下的根放入小烧杯中，倒入配好的反应液，将根浸没，置于 37 ℃暗处恒温振荡箱中振荡 1 h，以观察着色情况，幼根尖端几毫米明显变成红色，表明该处有脱氢酶存在。

2. 定量测定

（1）TTC 标准曲线的制作。吸取质量分数为 0.4% 的 TTC 溶液 0.25 mL 放入 10 mL 容量瓶中，加少许 Na$_2$S$_2$O$_4$ 粉末，摇匀后立即产生红色的 TTF，再用乙酸乙酯定容至刻度后摇匀，然后分别取此溶液 0.25、0.50、1.00、1.50、2.00 mL 置于 10 mL 容量瓶中，用乙酸乙酯定容至刻度，即得到含 TTF 为 25、50、100、150、200 μg 的标准比色系列，以乙酸乙酯作参比，在 485 nm 波长下测定光密度，绘制标准曲线。

（2）称取幼苗根样品 0.5 g，放入小培养皿中（空白试验先加硫酸再加入根样品），加入质量分数为 0.4% 的 TTC 溶液和磷酸缓冲液的等量（1：1）混合液 10 mL，把根充分浸没在溶液内，在 37 ℃暗处恒温振荡箱中振荡 1 h，然后加入 1 mol·L^{-1} 硫酸 2 mL，以终止反应。

（3）把根取出，吸干水分后与乙酸乙酯 3~4 mL 和少量石英砂一起磨碎，以提出 TTF。把红色提取液移入试管，用少量乙酸乙酯把残渣洗涤 2~3 次，都移入试管中，最后加乙酸乙酯使总量为 10 mL，用分光光度计在 485 nm 下比色，以空白作参比读出吸光值，查标准曲线，求出四氮唑还原量。

五、计算

将所得数据代入下式中，求出四氮唑还原强度。

四氮唑还原强度(μg·g^{-1}·h^{-1}) = 四氮唑还原量(μg)/[根重(g)×时间(h)]

六、思考题

反应中加入硫酸、琥珀酸或延胡素酸、苹果酸各起什么作用？

实验 23
叶绿素含量的测定

一、实验目的

掌握分光光度法测定叶绿素含量的原理及方法。

二、实验原理

植物细胞叶绿体中含有叶绿素 a、叶绿素 b、类胡萝卜素等色素。叶绿素广泛存在于果蔬等绿色植物组织中，并在植物细胞中与蛋白质结合成叶绿体。高等植物中叶绿素有两种：叶绿素 a 和 b，两者均不溶于水，易溶于乙醇、乙醚、丙酮和二甲基亚砜等。

叶绿素的含量测定方法有多种，其中主要有：

（1）原子吸收光谱法：通过测定镁元素的含量，进而间接计算叶绿素的含量。

（2）分光光度法：利用分光光度计测定叶绿素含量的依据是朗伯-比尔定律，即当一束单色光通过有色溶液时，溶液的吸光度与溶液的浓度和液层厚度的乘积成正比。其数学表达式为：

$$A = Kbc$$

式中：A 为吸光度；K 为比例常数，当溶液浓度以质量浓度为单位，液层厚度为 1 cm 时，K 为该物质的比吸收系数，其值可通过测定已知浓度的纯物质在不同波长下的吸光度而求得；b 为溶液的厚度；c 为溶液浓度。

如果溶液中有多种吸光物质，则此混合液在某一波长下的总吸光度等于各组分在相应波长下吸光度的总和，这就是吸光度的加和性。要测定叶绿素 a、叶绿素 b 及类胡萝卜素的含量，只需测定该提取液在 3 个特定波长下的吸光度，并根据叶绿素 a、叶绿素 b 及类胡萝卜素在该波长下的吸光系数，即可求出其浓度。在测定叶绿素 a、叶绿素 b 时，为了排除类胡萝卜素干扰，所用单色光应选择叶绿素在红光区的最大吸收峰。

叶绿素 a、b 的丙酮溶液在红光区的最大吸收峰分别位于 663、645 nm 处。叶绿素 a 和 b 在 663 nm 处的比吸收系数分别为 82.04 和 9.27，在 645 nm 处的比吸收系数分别为 16.75 和 45.60。根据朗伯-比尔定律，据此可列出下列关系式：

$$A_{663} = 82.04C_a + 9.27C_b \tag{23-1}$$

$$A_{645} = 16.76C_a + 45.60C_b \tag{23-2}$$

式中 A_{663}、A_{645} 分别为叶绿素溶液在波长 663 nm、645 nm 处的吸光度，C_a、C_b 分别为叶绿素 a、叶绿素 b 的浓度，以 mg·L^{-1} 为单位。解方程（23-1）和（23-2）得

$$C_a = 12.7A_{663} - 2.59A_{645} \tag{23-3}$$

$$C_b = 22.9A_{645} - 4.67A_{663} \qquad\qquad (23\text{-}4)$$

将（23-3）与（23-4）式相加得

$$C_T = C_a + C_b = 20.3CA_{645} - 8.03A_{663} \qquad\qquad (23\text{-}5)$$

从公式（23-3）、（23-4）、（23-5）可以看出，只要测得叶绿素溶液在 663 nm 和 645 nm 处的吸光度，就可计算出提取液中的叶绿素 a、b 浓度和叶绿素总浓度 C_T。

在 652 nm 处，叶绿素 a 和 b 的吸光系数相同，因此提取液中叶绿素的总浓度 C_T 也可通过测定溶液在波长 652 nm 处的吸光度（A_{652}）而求得叶绿素总量：

$$C_T = A_{652} \times 1000 \div 34.5 \qquad\qquad (23\text{-}6)$$

式中：34.5 为叶绿素 a 和 b 在波长 652 nm 处的比吸收系数。

在有叶绿素存在的条件下，用分光光度法可同时测出溶液中类胡萝卜素的含量。Lichtenthaler 等对 Armon 法进行了修正，提出了 80% 丙酮提取液中 3 种色素含量的计算公式：

$$C_a = 12.21A_{663} - 2.81A_{646} \qquad\qquad (23\text{-}7)$$

$$C_b = 20.13A_{646} - 5.03A_{663} \qquad\qquad (23\text{-}8)$$

$$C_c = (1000A_{470} - 3.27C_a - 104C_b)/229 \qquad\qquad (23\text{-}9)$$

式中，C_a、C_b 分别为叶绿素 a、叶绿素 b 的质量浓度，C_c 为类胡萝卜素的总质量浓度，A_{663}、A_{646}、A_{470} 分别为叶绿素色素提取液在波长 663 nm、646 nm 和 470 nm 下的吸光度。

由于叶绿素在不同溶剂中的吸收光谱不同，因此，在使用其他溶剂提取色素时，计算公式也有所不同。利用 95% 乙醇提取时的计算公式为：

$$C_a = 13.95A_{665} - 6.88A_{649} \qquad\qquad (23\text{-}10)$$

$$C_b = 24.96A_{649} - 7.32A_{665} \qquad\qquad (23\text{-}11)$$

$$C_c = (1000A_{470} - 2.05C_a - 114.8\,C_b)/245 \qquad\qquad (23\text{-}12)$$

三、实验用品

（1）绿色植物叶片。

（2）器具：可见紫外分光光度计、电子天平、研钵、25 mL 棕色容量瓶、小漏斗、滤纸、玻璃棒、吸水纸、比色皿、胶头滴管、剪刀、移液管。

（3）试剂：95% 乙醇、石英砂、碳酸钙。

四、实验步骤

（1）取新鲜植物叶片，擦净表面灰尘，去除中脉后分别称取新鲜样品 0.1 g，共 3 份，剪碎分别放入三个研钵中并编号，加少量石英砂和碳酸钙粉及 95% 乙醇 3 mL，研磨成匀浆，再加 95% 乙醇定容至 10 mL，继续研磨至组织变白。静置 3 ~ 5 min。

（2）取滤纸置于漏斗中，用 95% 乙醇润湿，沿玻璃棒把提取液倒入漏斗，滤液流至 25 mL 棕色容量瓶中，用少量 95% 乙醇冲洗研钵、玻璃棒及残渣数次，最后连同残渣一起倒入漏斗中。

（3）用滴管吸取 95% 乙醇，将滤纸上的叶绿体色素全部吸入容量瓶中。直至滤纸和残渣中无绿色为止。最后用 95% 乙醇定容至 25 mL，摇匀。

（4）取一光径为 1 cm 的比色皿，倒入上述叶绿体色素提取液，以 95% 乙醇作为空白对照，在波长 665 nm、649 nm、470 nm 下测定吸光度并记录。

（5）计算：

将 665 nm、649 nm、470 nm 下测定的吸光度分别代入公式（23-10）、（23-11）、（23-12）中可分别计算出叶绿素 a、叶绿素 b、类胡萝卜素的浓度。如果要求总叶绿素的浓度，可将（23-10）、（23-11）两式相加求得。如用质量分数 80% 丙酮提取叶绿素，利用公式（23-7）、（23-8）、（23-9）计算叶绿素 a、叶绿素 b、类胡萝卜素的浓度。

求得色素浓度后，再利用下式计算单位鲜重中叶绿素 a、b、胡萝卜素和总叶绿素的含量（$mg \cdot g^{-1}$）的质量分数。

$$叶绿素的含量(mg \cdot g^{-1}) = c \times V \cdot (FW \times 1000)^{-1}$$

式中：c 为叶绿素的浓度（$mg \cdot L^{-1}$）；V 为提取液的体积（mL）；FW 为样品鲜重（g）。

五、作业

（1）写好预习报告，包括实验目的与原理、实验设备、实验材料与用品。
（2）做完实验后，完成实验报告的全部内容。
（3）提取叶绿素时，加入少量碳酸钙的目的是什么？原理是什么？

六、思考题

（1）叶绿素 a、b 在蓝光区也有吸收峰，能否用这一吸收峰波长进行叶绿素 a、b 的定量分析？
（2）用比色法测定叶绿素含量时应注意哪些问题？

实验 24
植物叶片光合速率的测定

在植物生理学中植物的光合速率是表示植物光合作用强弱的重要指标，常用单位时间内单位叶面积上的干物质积累量来表示，也可以用单位时间内单位叶面积上 O_2 的释放量或 CO_2 吸收量来表示，因此，测定植物的光合速率有多种方法：可以测定叶片干重的增加，如改良半叶法；测定叶片光合作用中氧的释放，如叶圆片氧电极法；测定叶片光合作用中 CO_2 的吸收，如气流法，可用 CO_2 红外线气体分析仪测定或用光合测定仪测定。四种方法各有优缺点。

方法一   改良半叶法

一、实验目的与要求

掌握改良半叶法测定光合强度的原理及其要点。

二、实验原理

改良半叶法系将植物对称叶片的一部分遮光或取下置于暗处，另一部分则留在光下进行光合作用，过一定时间后，在这两部分叶片的对应部位取同等面积叶块，分别烘干称重，因为对称叶片的两对应部位的等面积的干重，开始时被视为相等，照光后叶片重量超过暗中的叶重，超过部分即为光合作用产物的产量，并通过计算可得到光合作用强度。

三、实验用品

（1）材料：植物叶片。
（2）器具：电子天平、烘箱、剪刀、称量瓶、刀片、直尺或三角板、纱布、锡纸或标签纸等。
（3）试剂：5%三氯乙酸。

四、实验步骤

（1）选择测定样品：选定有代表性植物叶片 20 片，用小纸牌编号。
（2）叶柄基部处理：为了不使选定叶片中的光合产物外运，从而影响测定结果的准确性，可采用下列方法进行处理。

①可将叶子的韧皮部破坏。如女贞等双子叶植物的叶片，可用刀片将叶柄基部下半圈环割约 0.2 mm 深。

②如小麦、水稻等单子叶植物，由于韧皮部和木质部难以分开处理，可用刚在开水中浸过的纱布做成的夹子，将叶子基部烫伤一小段即可（一般用 90 ℃以上的开水烫 20 s）。

③由于棉花叶柄木质化程度低，叶柄易被折断。用开水烫，又难以掌握烫伤的程度，可用化学方法来环割，选用合适浓度的三氯乙酸，点涂叶柄以阻止光合产物的输出，三氯乙酸是一种较强的蛋白质沉淀剂，渗入叶柄后可将筛管生活细胞杀死，从而起到阻止有机物外运的作用。一般使用 5%三氯乙酸。

为了使烫后或环割处理后的叶片不致下垂，影响叶片的自然生长角度，可用锡纸或标签纸包裹叶柄，使叶片保持原来的着生角度。

（3）剪取样品：叶柄基部处理完毕后，即可剪取样品，记录时间，开始光合强度测定。一般按编号次序分别剪下对称叶片的一半（主脉不剪下），按编号顺序夹于湿润的纱布中，贮于暗处。过 4～5 h 后，再依次剪下另外半片叶，同样按编号顺序夹于湿润纱布中，两次剪叶的速度尽量保持一致，使各叶片经历相等的照光时数。

（4）称重比较：将各同号叶片的两半按对应部位叠在一起，在无粗叶脉处放上三角板或直尺，用刀片沿边切下两个等面积的叶块，分别置于两个培养皿中（注意标记光照或黑暗），80～90 ℃下烘至恒重，在电子天平上称重比较。

五、结果计算

叶片干重差之和（mg）除以叶面积（dm^2）及照光时数，即得光合作用强度，以干物质（$mg·dm^{-2}·h^{-1}$）表示之。计算公式如下：

叶片的光合速率 ＝（照光叶块重-暗中叶块重）/（叶面积·照光时数）

由于叶内贮存的光合产物一般为蔗糖和淀粉，可将干物质重量乘以系数 1.5，得二氧化碳同化量，单位为 $mg·dm^{-2}·h^{-1}$。

六、注意事项

（1）选择有代表性的功能叶（无病虫害，对称性良好，叶龄、叶位、叶片大小、厚度、受光方向要尽量一致）。

（2）处理叶柄时要注意把握力度，环割太浅了韧皮部没有切断，太深了木质部容易被破坏。

方法二　氧电极法

一、实验目的与要求

掌握氧电极法测定光合速率的原理及其方法。

二、实验原理

溶氧仪是利用氧电极直接测定溶液中溶解氧的浓度，氧电极，又称 Clark 电极，它由两个电极组成，一个是铂电极，作为阴极，另一个是银电极，作为阳极，以 0.5 mol·L^{-1} KCl 作为电解质溶液。两极均一端嵌入绝缘棒的电极小槽内，槽内盛有 KCl 溶液，小槽用聚乙烯或聚四氟乙烯薄膜覆盖，这种膜只允许氧分子自由扩散，并起着隔离测定液和电极的作用。当两个电极间加上极化电压时，在阳极上发生银的氧化反应：

$$4Ag^+ + 4Cl^- \rightleftharpoons 4AgCl + 4e^-$$

氧分子在阴极上得到电子被还原：$O_2 + 2H_2O + 4e^- \rightleftharpoons 4OH^-$，电路中便有电流通过，电流的大小取决于氧通过薄膜向阴极表面的扩散速度，而氧的扩散速度主要受溶液中氧浓度的影响，因此电流的大小与氧的浓度成正比。

三、实验用品

（1）材料：植物叶片。

（2）器具：测氧装置 1 套，包括氧电极、电极控制器、反应杯、光源（500W 碘钨灯）、XWC100 型（0 ~ 10 mV）自动记录仪、超级恒温水浴（± 0.5 ℃）、电磁搅拌器、酸度计、真空泵及真空干燥箱、注射器、手术剪、移液管、0.1 mL 微量进样器、吸耳球等。

（3）试剂：

① Tris-HCl（pH7.4）缓冲液。

A. 0.2 mol·L^{-1} Tris：Tris2.43 g，溶于蒸馏水中并定容至 100 mL。

B. 0.1 mol·L^{-1} HCl：0.84 mL12 mol·L^{-1} HCl，用蒸馏水稀释至 100 mL。

取 A 液 25 mL、B 液 42 mL 混匀即为 pH7.4 的缓冲液。

② 反应介质：取 pH7.4 的缓冲液与等量 20 mmol·L^{-1} NaHCO$_3$，溶液混匀即可。

③ 无水亚硫酸钠（除氧剂）。

④ 0.5 mol·L^{-1} KCl：称 1.86 g KCl 溶于 50 mL 水中。

四、实验步骤

1. 仪器的构造

利用氧电极测定溶氧量的仪器由测氧仪（由氧电极和控制器组成）、反应杯、电磁搅拌器、超级恒温水浴、自动记录仪及光源组成。

（1）氧电极：氧电极的结构和外形虽有所不同，但都是由中央的铂电极和周围的银电极所组成。氧电极一端覆盖的聚乙烯薄膜可防止外面的杂质进入电极，该膜厚度在 15 ~ 25μm 之间，氧电极在使用前必须用蒸馏水清洗，并吸干水分，装薄膜时将电极头朝上，在电极凹槽中加满 0.5 mol·L^{-1} KCl 溶液，然后覆盖上薄膜片，仔细检查膜内是否残留气泡，膜是否破损，如出现异常应更换薄膜，注意不要用手直接触摸薄膜以免影响透性。电极使用过久时易钝化，可用酒精或稀氨水浸泡，再用滤纸擦光。电极如果长时间不用，可干燥放置。

（2）氧电极控制器：控制器的作用是为氧电极提供极化电压，并把氧电极产生的微弱的电流转换成电压送入记录仪，并能调节灵敏度供标定仪器用。控制器内的电池应一年更换一次。

（3）反应杯：一般都用玻璃制作，具有双层外套通以恒温水以维持实验所需的温度，反应杯内放入一根搅拌棒，用电磁搅拌器进行搅拌，反应杯应牢牢固定在搅拌器的中央，电极放入反应杯的正中而略偏一些，以免影响记录。加反应液时应加满以防止产生气泡。

（4）超级恒温水浴：植物生理活动需要在一定温度下进行，所以用超级恒温水浴将恒温水引入反应杯外套，由于氧电极灵敏度会随着温度的变化而变化，因此做温度曲线时，每改变一次温度，须用该温度下饱和溶氧的水重新标定。

（5）记录仪：氧通过控制器输出的电压一般在 10 mV 以上，所以满刻度量程为 1、5、10 mV 的记录仪都可以使用。由于生物吸氧、放氧的过程都比较慢，可以把记录仪的灵敏度调小一些、阻尼调大一些。

（6）测定光合放氧时需用光源。

2. 仪器安装及灵敏度标定

（1）仪器安装。

将电极控制器与装好膜的氧电极和记录仪连接，调节超级恒温水浴温度，向反应杯中通恒温水，并开启电磁搅拌器，给电极加上 0.7 V 的极化电压。新安装的电极需通电 30 min 后扩散电流才趋于稳定。稳定后，打开记录仪开关。

在反应杯中放满蒸馏水，待反应杯温度平衡后，调节到适当灵敏度，当记录纸上画出的线成一垂直线时，表示电极已处于稳定状态，此时如停止搅拌，因扩散层进度增加，使电极表面氧减少，记录笔后退，再搅拌则指针回升，这表明仪器工作正常，可进行灵敏度的标定或进行测定。

（2）灵敏度的标定。

若是观察反应系统耗氧或放氧反应的相对变化，只需要调节仪器的灵敏度，使足够反映其变化过程即可。若需要确定氧变化的绝对数量，或进行放 O_2 或耗 O_2 速率测定，则需要进行灵敏度的标定。最简单的方法是用在一定温度和大气压下，被空气饱和的水中氧的含量进行标定。在一定温度和大气压下，水中饱和溶氧量为一常数。

先调节好超级恒温水浴的温度（即测定温度），将蒸馏水放入反应杯中，不盖盖子，让其在大气中搅拌 10 min 左右，使水中溶解氧与大气氧平衡。将电极插入反应杯（注意：电极附近不能有气泡存在）。调节灵敏度旋钮，使记录仪指针到达满刻度，然后向反应杯中加入少许的亚硫酸钠，除净水中的氧，使记录笔退回到零刻度附近。根据当时的水温，查出溶氧量，以及记录笔横向移动的格数和反应杯体积，算出灵敏度。灵敏度的计算公式：

$$S = (O_2) \cdot V \cdot \Delta L^{-1} \tag{24-1}$$

式中：S 为灵敏度；（O_2）为某温度下的水溶氧量（$\mu mol \cdot mL^{-1}$），V 为反应杯的体积；ΔL 为记录笔的位移。

（3）记录笔的位移。

标定好灵敏度后，控制器上除移位电位器旋钮外，其他旋钮不可再动。

3. 植物光合速率的测定

（1）材料准备。取植物叶片，用刀片切取一定面积的叶块（按每毫升反应体积需 0.5 cm² 叶片取样）。将叶块放入盛有测定介质的针筒内，进行真空排气，使叶片下沉，然后将下沉叶片取出，剪碎后放入盛有测定介质的小烧杯中。

（2）光合测定：将下沉叶片及测定介质倒入反应杯中，盖上反应杯，开启电磁搅拌器，平衡 1 min 后，将记录笔位置移至记录纸的左端，测定光合放氧，记录 2~3 分钟，然后计算出每小格所代表的氧浓度。

例如温度在 25 ℃时，水中的饱和溶氧量为 0.253 μmol·mL⁻¹，记录笔移动 95 格，反应液的体积为 3 mL，则可算出每小格所代表的氧浓度。

$$(0.253 \times 3)/95 = 0.007\ 989\ \mu mol O_2/格$$

五、结果计算

$$光合速率(\mu mol\ O_2 \cdot dm^{-2} \cdot h^{-1}) = 60S \cdot (dL_1/dt_2) \cdot A^{-1} \tag{24-2}$$

式中：S 为灵敏度（$\mu mol \cdot cm^{-1}$）；dL_1/dt_2 为测定时的斜率；A 为测定叶片的面积（dm^2）。

六、注意事项

（1）氧电极对温度变化很敏感，所以测定时必须维持恒温。

（2）氧电极内和反应杯内不能产生气泡，搅拌速度也要稳定，否则记录曲线会扭曲。

（3）用氧电极测定光合作用是在溶液中进行，与在大气中不同，测定值一般比气相法要低。

（4）有时叶片照光后要延迟数分钟才开始放氧气，所以要相对延长照光时间。

（5）氧电极不用时可浸泡于水中保持，如长期不用应覆盖薄膜干燥存放。

（6）表 24-1 为不同温度下水中氧的饱和溶解度。

表 24-1 不同温度下水中氧的饱和溶解度

温度/℃	氧的饱和溶解度/($\mu mol \cdot mL^{-1}$)	温度/℃	氧的饱和溶解度/($\mu mol \cdot mL^{-1}$)
0	0.442	20	0.276
5	0.386	25	0.253
10	0341	30	0.230
15	0.305	35	0.219

方法三　红外线 CO_2 气体分析法

一、实验目的与要求

掌握红外线 CO_2 气体分析法测定光合速率的原理及其方法。

二、实验原理

许多具有非对称性的气体分子，如 CO_2、H_2O、SO_2 等，在波长 $2.5 \sim 25$ μm 的红外光区都有特定的吸收光谱，红外光经过上述气体分子时，与气体分子振动频率相等能够形成共振的红外光的能量被气体分子吸收，使透过的红外光能量减少，被吸收的红外光能量的多少与这种气体的吸收系数（K）、气体浓度（C）和气体层的厚度（L）有关，并符合朗伯-比尔定律。CO_2 在红外光区最大吸收带有 4 处，波长分别在 2.67 μm、2.77 μm、4.26 μm 和 14.99 μm，其吸收率分别是 0.54%，0.31%，23.2% 和 3.1%，在 $\lambda = 4.26$ μm 处不与其他物质的吸收带相重合，一般红外线 CO_2 分析仪内置仅让 4.26 μm 红外光透过的滤光片，其辐射能量即为入射红外光辐射能，在一定的 CO_2 浓度范围内，被 CO_2 吸收的红外光吸收能量与 CO_2 的浓度成正比，只要测得被吸收的红外光辐射能，即可计算出 CO_2 浓度。

红外光源发出的红外线分别通过测定室和参比室到达探测器，参比室通入氮气，保持无 CO_2 环境，当待测气体通过测定室时，通过测定室的红外线被测定气体中的 CO_2 吸收一部分，导致到达探测器的红外线比参比室弱，探测器探测到这一差异，经分析由仪表显示出来，从而可计算出待测气体中 CO_2 浓度的变化。

在放有植物叶片的密闭同化室里，由于叶片进行光合作用，室内的 CO_2 浓度不断下降，记录单位时间内同化室内 CO_2 浓度减少量和减少所需的时间，根据叶片面积、同化室体积即可计算出单位面积叶片的光合速率。

三、实验用品

（1）材料：植物叶片。
（2）器具：GXH-305 型红外线分析仪、电子秒表、量子辐射照度计。
（3）试剂：碱石灰或氮气。

四、实验步骤

（1）按照 GXH-305 型红外线 CO_2 分析仪说明书操作，将仪器调整成测量状态。
（2）先检查好同化室的气密性，将待测叶片水平放入同化室，密闭同化室。当仪器显示 CO_2 浓度稳定下降时开始测定，读取开始时的 CO_2 浓度值 C_1 并同时计时，待 CO_2 浓度下降到 C_2（下降 $20 \sim 30$ μL·L^{-1}）时结束计时。记录 C_1、C_2 和 Δt（也可以在固定时间内记录 CO_2 浓度变化值）。同时使用量子辐射照度计测量叶片受光强度，记录下同化室内的温度，完成一次测定后，打开同化室补充 CO_2，再进行两次重复测定并记录结果。

五、结果计算

计算叶片的净光合速率

$$P_n = \frac{\Delta C \times V}{\Delta t \times S \times 22.4} \times \frac{273}{273+t} \times \frac{P}{0.1013}$$

式中：P_n 为光合速率（$\mu mol \cdot m^{-2} \cdot s^{-1}$）；

$\Delta C = C_1 - C_2$，C_1 为开始时的 CO_2 浓度，C_2 为下降后的 CO_2 浓度；

Δt 为测定时间（s）；

S 为叶片面积（m^2）；

V 为同化室（包括气路系统）体积（L）；

T 为同化室温度（°C）；

P 为大气压（MPa）。

六、注意事项

（1）叶片装入同化室后由于光照减弱，光合速率暂时下降，后面会逐渐上升。因此，显示器指针稳定后再开始读数。

（2）叶片面积大于同化室面积时，叶片面积即为同化室面积，如果叶片面积小于同化室面积，测定时可将叶面积设为1，再另外计算出测定时的叶片面积。

（3）水汽也可以吸收红外线的能量，所以待测定气体进入仪器前要经过除湿装置。

（4）完成实验后，应把同化室松开，防止密封垫压时间长老化。

七、思考题

（1）红外线 CO_2 分析仪测定植物叶片的光合速率，对植物和环境有什么要求？

（2）了解测定光合速率的三种方法，并比较其优缺点。

实验 25
植物叶片呼吸速率的测定

一、实验目的和要求

（1）学会用小篮子法测定植物的呼吸速率。

（2）了解 CO_2 红外吸收仪测定的原理和过程。（光合速率测定实验内有使用方法，此处不再赘述）

二、实验原理

在一密封的容器内，空气中原来 CO_2 的含量，可用 $Ba(OH)_2$ 溶液将其吸收，然后用草酸进行滴定，即可计算出来 CO_2 的含量。

若将待测种子装入该密封的容器里，由于进行呼吸作用放出的 CO_2 被 $Ba(OH)_2$ 溶液所吸收（从溶液中产生白色 $BaCO_3$ 沉淀可以看出），然后用草酸滴定多余 $Ba(OH)_2$ 溶液。

根据两次（实验和空白）滴定用去草酸量的差值，即可计算出在测定时间内呼吸作用所吸收 CO_2 的量。从而计算出所测种子的呼吸速率。

化学反应式：$Ba(OH)_2 + CO_2 \longrightarrow BaCO_3 \downarrow + H_2O$

$Ba(OH)_2(剩余) + H_2C_2O_4 \longrightarrow BaC_2O_4 \downarrow + H_2O$

三、实验用品

（1）材料：植物叶片。

（2）器具：广口瓶、橡皮塞、恒温箱、大头针、镊子、小篮子、酸式滴定管、碱式滴定管。

（3）试剂：

① $0.05\ mol \cdot L^{-1} Ba(OH)_2$ 溶液：称取 $15.76\ g$ 纯 $Ba(OH)_2 \cdot 8H_2O$ 溶于蒸馏水中，稀释至 $1000\ mL$；

② $0.05\ mol \cdot L^{-1}$ 草酸滴定液：称取 $H_2C_2O_4 \cdot 2H_2O$，$6.3025\ g$ 溶于蒸馏水中，稀释至 $1000\ mL$；

③ 1%酚酞：$1\ g$ 酚酞溶于 $100\ mL$ 95%乙醇中。

四、实验步骤

（1）取干净的 $300\ mL$ 广口瓶两个，并准备四个橡皮塞子，如下：橡皮塞子（1）二个（公用，两孔，一孔倒插一端拉成毛细管状的玻璃管。另一孔插入玻璃棒）。橡皮塞子

（2）二个（无孔，塞底钉入大头针，弯曲）。此时，还准备两个铁丝小篮子。

（2）实验开始前，打开广口瓶瓶塞，顺瓶口方向摇瓶子多次，使瓶内空气与室内空气一致。分别在一个小篮子内装入待测的材料（萌发的或没有萌发的小麦种子），装入量以不高于小篮子高度易于流通气体为宜（萌发的小麦种子可装入 100 粒）。装好后把小篮子挂在橡皮塞子（2）的大头针上。

（3）实验开始时，以橡皮塞子（1）紧塞一个广口瓶口，拨去塞子上的玻璃棒，立即用大拇指堵住孔口，迅速插入滴定管，滴入 20 mL 0.05 mol·L^{-1} Ba(OH)$_2$ 溶液，然后拨出橡皮塞子（1），把挂有待测材料的橡皮塞子（2）迅速塞紧。同样，在另一广口瓶加入等量的 0.05 mol·L^{-1} Ba(OH)$_2$ 溶液，只是小篮子中不放实验材料，作空白实验用。

（4）一切装置好后，立即把两瓶移放入 30 ℃ 的恒温箱内，准确记录时间，不时轻轻摇动广口瓶。30 min 后，将广口瓶取出，拨去塞子和小篮子，迅速换上橡皮塞子（1），塞紧瓶口。如供测定的材料为萌发种子，可不必烘干，只计算其鲜重，否则应将材料烘干，称其干重。

（5）在滴定之前，拨去塞子上的玻璃棒，迅速加入 1% 酚酞 4 滴，并插入滴定管，用 0.05 mol·L^{-1} 草酸进行滴定，记下滴定时两瓶用去草酸的量，然后计算供测定材料的呼吸速率。

五、结果计算

计算所测材料的呼吸速率。公式如下：

$$呼吸速率(mg·g^{-1}·h^{-1}) = (A-B)·2.2·(FW·t)^{-1}$$

式中：A 为空白滴定用去的草酸量（mL）；B 为样品滴定用去的草酸量（mL）；FW 为样品鲜重（g），也可用种子粒数表示；t 为测定时间（h）。2.2 为 1 mL 0.05 mol·L^{-1} 草酸相当于 CO_2 的毫克数，该数字可从下面的反应式推算出来：

$$Ba(OH)_2 + CO_2 \longrightarrow BaCO_3 \downarrow + H_2O$$

$$Ba(OH)_2(剩余) + H_2C_2O_4 \longrightarrow BaC_2O_4 \downarrow + H_2O$$

从上面反应式可知：作用于 1 摩尔的 Ba（OH）$_2$ 要用去 44 g 的 CO_2。

若 1 000 mL 0.5 mol·L^{-1}Ba(OH)$_2$ 相当于 22 g CO_2，那么 1 000 mL 0.05 mol·L^{-1} Ba(OH)$_2$ 相当于 2.2 g CO_2。因此，1 mL 0.05 mol·L^{-1}Ba(OH)$_2$ 则相当于 2.2 mg CO_2，因此 1 mL 0.05 mol·L^{-1}H$_2$C$_2$O$_4$ 相当于 2.2 mg CO_2。

六、注意事项

（1）用草酸滴定时要通过插玻璃棒的小孔进行，不能直接拨开橡皮塞。

（2）换橡皮塞时，动作尽量迅速，否则影响实验的准确性。

（3）滴定时，先滴定空白，再滴定样品，一定注意观察溶液颜色的变化。

七、思考题

（1）实验期间，为什么要不时地摇动广口瓶？

（2）本实验为什么要塞紧广口瓶的盖子？

（3）影响呼吸速率的因素有哪些？实验过程中应该注意哪些问题？

（4）如果用植物叶片做呼吸速率测定的实验，和这个方法相同吗？为什么？

实验 26
赤霉素诱导α-淀粉酶的形成

一、实验目的和要求

（1）了解赤霉素诱导 α-淀粉酶形成的原理。

（2）掌握用碘试验法比色测定 α-淀粉酶活力的方法。

二、实验原理

淀粉性种子在萌动过程中，胚释放出来的赤霉素能诱导糊粉层细胞中 α-淀粉酶基因的表达，引起 α-淀粉酶的生物合成，并分泌到胚乳中催化淀粉水解为糖。通过碘试验法比色测定淀粉在酶催化反应过程中的消耗量，可以定量分析 α-淀粉酶的活力。

三、实验用品

（1）材料：小麦种子。

（2）器具：分光光度计、恒温培养箱、恒温水浴锅、移液管、烧杯、试管、称量瓶、镊子、单面刀片。

（3）试剂：

① 质量分数为 1%次氯酸钠溶液。

② 质量分数为 0.1%淀粉溶液：取淀粉 1 g 加蒸馏水 50 mL，沸水浴到淀粉完全溶解后，再加入 KH_2PO_4 8.16 g，待其溶解后定容至 1 000 mL。

③ 赤霉素系列溶液：6.8 mg 赤霉素溶于少量 95%乙醇中，再定容至 1 000 mL，然后取部分溶液分别稀释成 $2×10^{-5}$ mol·L^{-1}、$2×10^{-6}$ mol·L^{-1}、$2×10^{-7}$ mol·L^{-1}、$2×10^{-8}$ mol·L^{-1} 的溶液，

④ 10^{-3}mol·L^{-1} 醋酸缓冲液：10^{-3}mol·L^{-1} 醋酸钠溶液 590 mL 与 10^{-3} mol·L^{-1} 醋酸溶液 410 mL 混合后，加入 1 g 链霉素，摇匀。

⑤ I_2-K1 溶液：0.600 g KI 和 0.060g I_2，分别用少量 0.05 mol·L^{-1} HCl 溶解后混合，用 0.05 mol·L^{-1} HCl 定容至 1 000 mL。

四、实验步骤

（1）以不同浓度淀粉溶液（0～7 μg·mL^{-1}）各 2 mL，分别加 I_2-KI 溶液 2 mL，蒸馏水 5 mL，充分摇匀，在波长 580 nm 下测定吸光度，绘制出标准曲线。

（2）选取大小一致、无病虫害的小麦种子 50 粒，用单面刀片将每粒种子横切成两半，使成无胚的半粒和有胚的半粒，分别置于新配制的 1%次氯酸钠溶液中，消毒 15 min，取

出用无菌水冲洗 2～3 次，备用。

（3）取 6 个称量瓶编好号码，按表 26-1 加入溶液和材料，于 25 ℃下振荡培养 24 h。

表 26-1　加入不同浓度赤霉素和材料的培养液

瓶号	GA 浓度/(mol·L^{-1})	GA 用量/mL	醋酸缓冲液/mL	材料
1	0	1	1	10 个有胚种子
2	0	1	1	10 个无胚种子
3	2×10^{-5}	1	1	10 个无胚种子
4	2×10^{-6}	1	1	10 个无胚种子
5	2×10^{-7}	1	1	10 个无胚种子
6	2×10^{-8}	1	1	10 个无胚种子

（4）淀粉酶活性分析：从每个小瓶中吸取培养液 0.1 mL，分别置于盛有 1.9 mL 淀粉磷酸盐的溶液中，摇匀，在 30 ℃恒温箱或恒温水浴锅中精确保温 10 min，然后加 I_2-KI 溶液 2 mL，蒸馏水 5 mL，充分摇匀，在波长 580 nm 下测定吸光度，以蒸馏水为空白校正仪器零点，读数，从标准曲线查得淀粉含量，以被分解的淀粉量作为淀粉酶的活性。

五、结果计算

（1）第 1 瓶为淀粉的原始量（X）。

（2）第 2～6 瓶分别为反应后淀粉的剩余量（Y）。

（3）淀粉水解量 = [(X－Y)·X^{-1}]×100%。

六、思考题

试比较各瓶内被分解的淀粉量，找出哪种赤霉素浓度下淀粉酶的活性最强。

实验 27
TTC 法快速鉴定种子生活力

一、实验目的和要求

掌握快速测定种子生活力的方法。

二、实验原理

TTC（2,3,5-氯化三苯基四氮唑）的氧化态是无色的，可被氢还原成不溶性的红色三苯基甲腙（TTF），应用 TTC 的水溶液浸泡种子，使之渗入种胚的细胞内，如果种胚具有生命力，其中的脱氢酶就可以将 TTC 作为受氢体使之还原成为三苯基甲腙而呈红色，如果种胚死亡便不能染色，种胚生命力衰退或部分丧失生活力则染色较浅或局部被染色，因此，可以根据种胚染色的程度来鉴定种子的生命力。

三、实验用品

（1）材料：小麦或玉米种子。
（2）器具：恒温恒湿箱、镊子、培养皿、解剖针、单面刀片、小烧杯。
（3）试剂：质量分数为 0.2% 的 TTC 溶液。

四、实验步骤

（1）将种子用水浸泡 6～12 h，使种子完全吸胀。
（2）随机取种子 100 粒，沿种胚中央切成对称的两半，取 100 粒种子的一半备用。
（3）将准备好的种子完全浸没在 TTC 溶液中，在恒温恒湿箱（30 ℃）中保温半小时。
（4）染色结束后立即进行观察。倒出 TTC 溶液，用蒸馏水将种子冲洗 3 次，观察种胚染色的情况，凡种胚全部或大部分被染成红色的为具有生活力的种子，种胚不被染色为死种子。
（5）计算活种子的百分率

$$活种子的百分率(\%) = 胚部被染成红色的种子数/供试种子数 \times 100\%$$

五、注意事项

（1）TTC 不宜久藏，应该随用随配，若溶液发红，则不能使用。
（2）染色温度一般以 25～35 ℃为宜。

（3）小粒种子经染色后，可加几滴乳酸苯酚溶液，10～30 min 后再进行鉴定，这样容易看清胚的染色情况。

（4）鉴定不同种子的生活力，所用的浸种时间、试剂的浓度、染色时间也不同。

六、思考题

你还知道有哪些快速鉴定种子发芽力的方法，原理是什么？

实验 28
电导法测定植物组织抗逆性

一、实验目的和要求

（1）了解细胞膜透性测定在实际应用中的意义。
（2）掌握电导仪的使用方法。
（3）掌握电导仪法测定植物细胞膜透性的原理及要点。

二、实验原理

植物的细胞膜对维持细胞的微环境和正常的新陈代谢起着重要的作用，在正常情况下，细胞膜对物质具有选择透性，当植物受到逆境伤害时，如高温或低温、干旱、盐渍、病原菌侵染后，细胞膜遭到破坏，膜透性增大，细胞内的盐类或有机物会有不同程度渗出。从而引起组织浸泡液电导率发生变化，通过测定外渗液电导率的变化，就可以反映出质膜的受伤害程度和所测材料抗逆性的大小。伤害越重，外渗液越多，电导率的增加也越大。

三、实验用品

（1）材料：正常生长以及经过逆境处理的植物叶片，
（2）器具：电导仪、真空泵和真空干燥箱（或注射器）、恒温水浴锅（或用铝锅和电炉代替）、打孔器、玻璃棒、100 mL 量筒、白瓷盘、纱布、100 mL 小烧杯、试管夹，防烫手套。
（3）试剂：去离子水。

四、实验步骤

1. 容器的洗涤

电导仪对水和容器的洁净度要求严格，所用玻璃仪器先用洗涤剂洗涤干净，然后再用去离子水冲四至五遍，倒置于洁净放有无菌滤纸的白瓷盘中备用。向洗净的小烧杯中加入新制的去离子水，用电导仪测定是否仍维持原电导，检查小烧杯是否洗净。

2. 实验材料的处理

选取植物相同叶位和叶龄的功能叶，分成 2 份，一份放入水中作为对照，将其中一份放在 -20 ℃左右的温度下冷冻 20 min（或置 40 ℃左右的恒温箱中处理 30 min）进行逆境胁迫处理。对照和处理各取三个叶片，用自来水洗去表面灰尘，再用去离子水冲洗一次，用干净纱布擦去水分。将叶片叠起，用打孔器打取 30 个叶圆片，放入盛有 70 mL 去离子水的小烧杯中，对照和处理均设 3 个重复。

将小烧杯放入真空干燥箱内，开动真空泵抽气 10 min，以抽出细胞间隙的空气。缓慢放入空气，水即渗入细胞间隙，叶片变成半透明状，沉入水下，取出小烧杯，每隔 2 ~ 3 min 震荡一次，室温下保持 30 min。

3. 电导率的测定

将电导仪电极插入小烧杯中的外渗液，测定其电导值（L_1），测定之后将小烧杯放入沸水浴中加热 3 ~ 5 min 以杀死组织。待冷至室温后，再次测定外渗液的电导值（L_2）。

五、结果计算

（1）以细胞膜相对透性大小表示细胞受伤害的程度，按下式计算：

$$细胞膜相对透性 = \frac{L_1}{L_2} \times 100\%$$

式中：L_1 为叶片杀死前外渗液电导值；L_2 为叶片杀死后外渗液电导值；

（2）直接计算细胞膜伤害率，通常用下式计算：

$$细胞膜伤害率 = \left(1 - \frac{1 - T_1/T_2}{1 - C_1/C_2}\right) \times 100\%$$

式中：C_1 为对照叶片杀死前外渗液的电导值；C_2 为对照叶片杀死后外渗液的电导值；T_1 为处理叶片杀死前外渗液的电导值；T_2 为处理叶片杀死后外渗液的电导值。

六、注意事项

（1）电导率变化非常灵敏，稍有杂质即产生很大误差。因此仪器清洗一定要彻底。

（2）材料细胞间隙空气排除情况直接影响电解质外渗速率，所以一定要彻底排除细胞间隙的空气。

（3）处理和对照待测液的体积要保持一致。

（4）温度变化对电导率有一定的影响，材料杀死前后溶液电导率测定应保持在同一温度为宜。取材时，要使用锋利的刀具或打孔器，以避免组织机械损伤所引起的人为误差。

实验 29
1-甲基环丙烯对月季切花保鲜的影响

一、实验目的

（1）能够描述切花衰老的机理和乙烯对切花衰老的影响。

（2）探究 1-MCP（1-甲基环丙烯）对月季切花保鲜的影响。

（3）掌握切花保鲜实验的基本操作和数据统计方法。

二、实验原理

月季切花是现代月季中适宜做切花栽培的一些品种的总称。月季切花离开母体后，会出现水分代谢失调、营养物质缺乏、激素平衡被打破以及微生物侵染等问题，从而导致月季花朵瓶插过程中，出现花瓣变蓝、萎蔫、干枯，花枝弯曲等衰老现象，从而丧失观赏价值。

切花离开母体后，水分的吸收和散失之间的平衡被打破。保鲜实验通过改善水分供应条件来保持这种平衡。如在高湿度环境（相对湿度 80%~90%）中，切花的水分散失速度会减慢，从而有助于保持切花的水分含量。

而且切花在瓶插期间仍然需要一定的营养物质来维持正常的生理代谢。保鲜液中通常会添加蔗糖、磷酸盐等营养成分。蔗糖作为主要的能源物质，为切花提供呼吸作用所需的能量，而且蔗糖等物质可以调节溶液的渗透压，使切花细胞能够保持一定的膨压，促进水分吸收。

另外，切花在瓶插过程中容易受到微生物（如细菌、真菌等）的侵染，导致花朵腐烂和凋谢。保鲜实验中会添加杀菌剂，如 8-羟基喹啉柠檬酸盐（8-HQC）、次氯酸钠等，来抑制微生物的生长和繁殖，减少微生物对切花的危害。

月季切花是乙烯敏感类切花。乙烯是促进切花衰老的主要激素之一，会加速切花的衰老过程，导致花瓣凋落、花茎弯曲等。1-MCP 是一种乙烯抑制剂，它可以与乙烯受体竞争性结合，从而抑制乙烯对切花的催熟作用。通过使用 1-MCP 处理月季切花，可延缓其衰老，延长瓶插寿命。

三、实验用品

（1）材料：新鲜的月季切花。

（2）器具：剪刀、镊子、烧杯、容量瓶（100 mL/500 mL）、移液管（1 mL/5 mL/10 mL）、标签纸、记号笔、电子天平、恒温恒湿箱。

（3）试剂   1-MCP 母液（1 000 mg·L^{-1}）、蒸馏水。

四、实验步骤和观察

（一）实验处理

（1）配置不同浓度的 1-MCP 处理液。

处理 1：0 mg·L⁻¹ 1-MCP（对照）

处理 2：400 mg·L⁻¹ 1-MCP

处理 3：800 mg·L⁻¹ 1-MCP

（2）选材。选择花型完整、无病虫害、含苞待放，而且花茎粗细均匀、花茎硬挺的花朵，去除基部叶片和刺，仅保留花下部几片叶子。

（3）切割。将选取的月季切花放入蒸馏水水面下，用小刀 45 度角斜切花茎，使花枝总长度为 35 cm。

（4）处理。将切割后的切花分别放入装有不同浓度 1-MCP 处理液的烧杯中，使花茎基部浸泡在处理液中，浸泡时间为 2 h。

（5）培养。浸泡结束后，取出切花，用蒸馏水冲洗花茎基部，然后将切花插入装有蒸馏水的锥形瓶中，每个处理设置 5 个重复，每个重复 2 枝花。

（二）实验观察

（1）每天观察记录切花的外观变化，包括花朵颜色、花瓣状态、花茎弯曲程度等。

（2）每天用直尺或游标卡尺测量切花的花径，用电子天平测量切花鲜重、花枝+溶液+瓶、瓶+溶液的重量，并记录数据。

（3）记录切花的瓶插寿命，即从开始实验到花朵完全凋谢的天数，实验持续时间为 14 天。以外层花瓣严重失水萎蔫或瓣尖出现枯斑作为瓶插寿命结束的标志。

（三）实验结果

（1）以表格和图形的形式呈现不同处理组切花的花径和瓶插寿命等数据的变化。

（2）描述不同处理组切花的外观形态变化。

（3）鲜重变化率　以处理开始时鲜重为 100，利用每天测量的鲜重计算瓶插期间月季切花的鲜重变化率。

（4）水分平衡值 2 次称重时间内的失水量，即两次连续"花枝+溶液+瓶"重量之差。吸水量为连续 2 次称取的"瓶+溶液"重量之差。水分平衡值即为吸水量与失水量之差，计算完成后利用 Excell 等软件绘制折线图。

五、作业

（1）分析 1-MCP 对月季切花保鲜的作用机制。

（2）比较并分析不同浓度 1-MCP 处理对月季切花保鲜效果的差异及原因。

（3）根据实验结果，设计一个基于 1-MCP 的月季切花保鲜方案。

（4）查阅相关文献，了解 1-MCP 在其他花卉保鲜中的应用情况。

实验 30
紫外吸收法测定过氧化氢酶活性

一、实验目的和要求

（1）了解过氧化氢酶在植物生命活动中的意义。

（2）掌握测定过氧化氢酶活性的方法。

二、实验原理

　　过氧化氢酶（Catalase, CAT）主要存在于过氧化物酶体、乙醛酸循环体及相关氧化酶定位的细胞器中，植物在逆境下或衰老过程中，体内活性氧代谢增强而引起过氧化氢积累，过量的过氧化氢可以直接或间接地氧化细胞内核酸、蛋白质，并破坏细胞膜，从而导致细胞的衰老和死亡。而过氧化氢酶可以和过氧化物酶一起清除过氧化氢，是植物体内重要的保护酶之一。此外，该酶活性还与生长素、NADH、NADPH 的氧化作用有关，所以此酶活性与植物新陈代谢的强度及植物的抗逆性有着密切的关系。该酶活性的大小可用紫外吸收法、测压法、滴定法和氧电极法等方法进行测定，此实验系用紫外吸收法进行测定。

　　H_2O_2 在 240 nm 波长下有最大光吸收，过氧化氢酶能分解过氧化氢，使反应溶液吸光度（A_{240}）随反应时间而降低。根据测量吸光度的变化速度即可测出过氧化氢酶的活性。

三、实验用品

（1）材料：植物叶片。

（2）器具：紫外分光光度计、恒温水浴锅、离心机、研钵、25 mL 容量瓶、0.5 mL 移液管、2 mL 移液管、10 mL 试管。

（3）试剂：0.2 mol·L^{-1} pH = 7.8 磷酸缓冲液（内含质量分数为 1%聚乙烯吡咯烷酮）、0.1 mol·L^{-1} H_2O_2（用 0.1 mol·L^{-1} 高锰酸钾标定）、石英砂。

四、实验步骤

1. 酶液提取制备

　　称取新鲜植物叶片或其他植物组织 0.5 g，置于研钵中，加入 2～3mL 4 ℃下预冷的 pH7.8 磷酸缓冲液和少量石英砂研磨成匀浆后，转入 25 mL 容量瓶中，并用缓冲液冲洗研钵数次，合并冲洗液，并定容到刻度。混合均匀，将容量瓶于 4 ℃冰箱中静置 10 min，取上部澄清液在 4 000 r/min 离心 15 min，上清液即为过氧化氢酶粗提液，在 4 ℃下保存备用。

2. 酶活性测定

取 10 mL 试管 4 支，其中 1 支为对照管，3 支为样品测定管，分别在各管内加入粗酶液 0.2 mL，磷酸缓冲液 1.5 mL，水 1.0 mL，但对照管内所加粗酶液为煮沸过的。

25 ℃预热后，逐管加入 0.3 mL 0.1 mol·L^{-1} 的 H_2O_2，每加完 1 管立即计时，并迅速倒入石英比色杯，240 nm 下测定吸光度，可用磷酸缓冲液作参比调零，每隔 1 min 读数 1 次，共测 4 min，待 4 支管全部测定完后，计算酶活性。

五、结果计算

以 1 min 内 A_{240} 减少 0.1 的酶量为 1 个酶活单位（U），按下式计算过氧化氢酶活性。

$$过氧化氢酶的活性(\mathrm{U}\cdot\mathrm{g}^{-1}\cdot\mathrm{min}^{-1}) = (\Delta A_{240}V_t)\cdot(0.1\ V_1\cdot t\cdot FW)^{-1}$$

$$\Delta A_{240} = A_0 - (A_1 + A_2 + A_3)/3$$

式中：A_0 为加入煮死酶液的对照管吸光值；A_1，A_2，A_3 为样品管吸光值；V_t 为粗酶提取液总体积（mL）；V_1 为测定用粗酶液体积（mL）；FW 为样品鲜重（g）；0.1 表示 A_{240} 每下降 0.1 为 1 个酶活单位（U）；t 为加过氧化氢到最后一次读数时间（min）。

六、思考题

（1）影响过氧化氢酶活性测定的因素有哪些？
（2）逆境条件下过氧化氢酶的活性与植物的抗逆性有何关系？

实验 31
愈创木酚法测定过氧化物酶活性

一、实验目的和要求

通过本实验学习并掌握过氧化物酶活性测定的原理及方法。

二、实验原理

过氧化物酶（Peroxidase，POD）普遍存在于植物体中，是活性较高的一种酶，它与呼吸作用、光合作用及生长素的氧化等都有关系。在植物生长发育过程中它的活性不断发生变化。一般老化组织中活性较高，幼嫩组织中活性较弱，这是因为过氧化物酶能使组织中所含的某些碳水化合物转化成木质素，增加木质化程度，而且发现早衰减产的水稻根系中过氧化物酶的活性增加，所以过氧化物酶可作为组织老化的一种生理指标。

过氧化物酶能催化 H_2O_2 氧化酚类物质的反应，产物为醌类化合物，此化合物进一步缩合或与其他分子缩合，产生颜色较深的化合物，在过氧化物酶存在下，H_2O_2 可将愈创木酚（邻甲氧基苯酚）氧化成红棕色的 4-邻甲氧基苯酚，该物质在 470 nm 处有最大光吸收，可用分光光度计在 470 nm 处测定其吸光值，即可求出该酶的活性。

三、实验用品

（1）材料：植物叶片、水稻根系、马铃薯块茎等。

（2）器具：紫外可见分光光度计、离心机、电子天平、恒温水浴锅、移液管、研钵、试管。

（3）试剂

① 0.1 mol·L^{-1} Tris-HCl 缓冲液（pH8.5）。

取 12.114 g 三羟甲基氨基甲烷（Tris），加水稀释，用 HCl 调 pH8.5 后定容至 1 000 mL。

② 0.2mol·L^{-1} 磷酸缓冲液（pH6.0）。

贮备液 A：0.2 mol·L^{-1} NaH_2PO_4，溶液（27.8 g NaH_2PO_4·H_2O 配成 1 000 mL）。

贮备液 B：0.2 mol·L^{-1} Na_2HPO_4（53.65g Na_2HPO_4·$7H_2O$ 或 71.7 g Na_2HPO_4·$12H_2O$ 配成 1 000 mL）。

分别取贮备液 A 87.7 mL 与贮备液 B 12.3 mL 充分混匀并稀释至 200 mL。

③ 反应混合液（现用现配）。

取 0.2 mol·L^{-1} 磷酸缓冲液（pH 6.0）5 mL，30%过氧化氢 28 μL，愈创木酚 19 μL 混合。

四、实验步骤

（1）酶液提取：取植物叶片（吸干表面水分）1 g，剪碎置于预冷的研钵中，加 0.1 mol·L⁻¹ Tris-HCl 缓冲液（pH8.5）5 mL，研磨成匀浆，以 4 000 r/min 离心 5 min，倒出上清液，必要时残渣再用 5 mL 缓冲液提取一次，合并两次上清液，保存在冰箱中备用。

（2）取光径 1 cm 比色杯 2 个，向其中之一加入上述酶液 1 mL（如酶活性过高可稀释之），再加入反应混合液 3 mL，立即开启秒表记录时间，而向另一比色杯中加 0.2 mol·L⁻¹ 磷酸缓冲液（pH6.0），作为零对照。用分光光度计在 470 nm 波长下测定反应 5 min 时的吸光度。

五、结果计算

以每分钟吸光度变化（以每分钟 A_{470} 变化 0.01 为 1 个活力单位）表示酶活性大小，即

$$\text{过氧化物酶比活力（U·g}^{-1}\text{鲜重·min}^{-1}\text{）} = \frac{\Delta A_{470} \cdot V_{\text{T}}}{0.01 \cdot FW \cdot V_{\text{S}} \cdot t}$$

式中：ΔA_{470} 为反应时间内吸光度的变化值；V_{T} 为提取酶液总体积（mL）；t 为反应时间（min）；FW 为样品鲜重（g）；V_{S}：测定时取用酶液体积（mL）。

六、思考题

（1）试述酶活力的定义？
（2）测定酶的活力要注意控制哪些条件？

实验 32
超氧化物歧化酶活性的测定

一、实验目的和要求

（1）了解 SOD 酶活的测定原理和意义。
（2）掌握 SOD 酶活的测定方法。

二、实验原理

超氧化物歧化酶（Superoxide dismutase，SOD）是需氧生物中普遍存在的一种含金属的酶，与过氧化物酶、过氧化氢酶等协同作用，防御活性氧或其他过氧化物自由基对细胞膜系统的伤害。因此，其活性与植物的衰老和抗逆性密切相关，因此 SOD 活性的测定在研究植物衰老及抗逆机制中有着重要的意义。

SOD 可以催化氧自由基的歧化反应，生成过氧化氢和 O_2，H_2O_2 又可以被过氧化氢酶分解为 O_2 和 H_2O。

$$2O_2 + 2H \xrightarrow{\text{SOD}} H_2O_2 + O_2$$

$$H_2O_2 \xrightarrow{\text{CAT}} 2H_2O + O_2$$

本实验根据超氧化物歧化酶抑制氮蓝四唑（NBT）在光下的还原作用来确定酶活性的大小，在有可氧化物（如甲硫氨酸）存在下，核黄素可被光还原，被还原的核黄素在有氧条件下极易再氧化而产生超氧自由基，它可将 NBT 还原为蓝色的甲臜，后者在 560 nm 处有最大光吸收，而 SOD 作为超氧自由基的清除剂可抑制此反应。于是光还原反应后，反应液蓝色越深，说明酶活性越低，反之酶活性越高。通过测定加入酶液后的颜色变化，可计算出 SOD 的活性。一个酶活单位定义为将 NBT 的还原抑制到对照一半（50%）时所需的酶量。

三、实验用品

（1）材料：植物叶片。
（2）器具：高速冷冻离心机、可见分光光度计、光照培养箱、移液枪、透明试管架、试管、研钵、离心管、黑色袋子。
（3）试剂：
① 0.05 $mol \cdot L^{-1}$ 磷酸缓冲液（pH7.8）。
② 提取介质 50 $mmol \cdot L^{-1}$ pH = 7.8 磷酸缓冲液，内含质量分数为 1%的聚乙烯吡咯烷酮（PVP）。

③ 130 mmol·L⁻¹ 甲硫氨酸（Met）溶液。准确称取 1.399 g 甲硫氨酸，用磷酸缓冲液溶解并定容至 100 mL。

④ 750 μmol·L⁻¹ NBT。称取 0.061 33g NBT，用磷酸缓冲液溶解并定容至 100 mL，避光保存。

⑤ 20 μmol·L⁻¹ 核黄素溶液。称取 0.007 5 g 核黄素,用磷酸缓冲液溶解定容至 100 mL，避光保存，随用随配，并稀释 10 倍。

⑥ 100 μmol·L⁻¹ EDTA-Na₂ 溶液（pH7.8），称取 0.037 2 g EDTA-Na₂·2H₂O，用蒸馏水溶解定容至 1 000 mL。

四、实验步骤

1. SOD 的提取

称取植物材料 0.3 g 于预冷的研钵中，加 2 mL 预冷的提取介质，冰浴下研磨成匀浆，用提取介质冲洗研钵 2-3 次，均转移至 10mL 离心管中，定容至 10mL，于 4 ℃下 8 000 r/min 离心 10 min，上清液即为 SOD 粗酶液。

2. SOD 活性测定

取透明度、质地相同的试管 5 支，3 支为测定，2 支为对照，给 1 支对照管罩上比试管稍长的黑色袋子遮光，按表 32-1 分别加入试剂，混匀，然后与其他各管同时置于光照培养箱内反应 20～60 min（视光下对照管的反应颜色和酶活性的高低适当调整反应时间）。反应结束后用黑色袋子遮盖试管终止反应，暗中对照管作空白，在 560 nm 下测定各管的吸光度，记录测定数据。

表 32-1 反应液所加试剂及用量

试剂	用量/mL	比色时终浓度
磷酸缓冲液	1.5	
甲硫氨酸溶液	0.3	
NBT 溶液	0.3	
EDTA-NA₂	0.3	
核黄素溶液	0.3	
酶液	0.1	（对照 2 支管以缓冲液代替酶液）
水	0.5	
总体积	3.3	

五、结果计算

SOD 活性计算以抑制 NBT 光还原的 50% 为一个酶活性单位（U）表示，按下式计算 SOD 活性。

$$SOD \text{ 活性} = (A_0 - A_S) \cdot V_T \cdot (0.5 A_0 \cdot FW \cdot V_1)^{-1}$$

式中：SOD 活性以每克鲜重酶活单位表示（$U \cdot g^{-1}$）；A_0 为光下对照管吸光度；A_S 为样品测定管吸光度；V_T 为样品提取液总体积（mL）；V_1 为测定时样品用量（mL）；FW 为样品鲜重（g）。

六、注意事项

（1）当光下对照管反应颜色达到要求的程度时，测定管（加酶液）未显色或颜色过淡，说明酶对 NBT 的光还原抑制作用过强，应对酶液进行适当稀释后再显色，以能抑制显色反应的 50% 为最佳。

（2）植物中的酚类物质对测定有干扰，制备粗酶液时可加入聚乙烯吡咯烷酮（PVP）等，尽可能除去酚类等物质。

七、思考题

（1）什么是保护酶系统？SOD 的主要功能是什么？
（2）影响该实验准确性的主要因素是什么？应如何克服？

实验 33
植物组织中丙二醛含量的测定

一、实验目的和要求

了解丙二醛的含量与植物逆境、衰老的关系，掌握丙二醛含量的测定方法。

二、实验原理

植物器官衰老或在逆境下，往往发生膜脂过氧化作用（见图 33-1），丙二醛（MDA）是膜脂过氧化的最终分解产物之一，因此可以通过测定 MDA 的含量了解膜脂过氧化的程度，从而了解植物的膜系统受损害的程度以及植物的抗逆性。

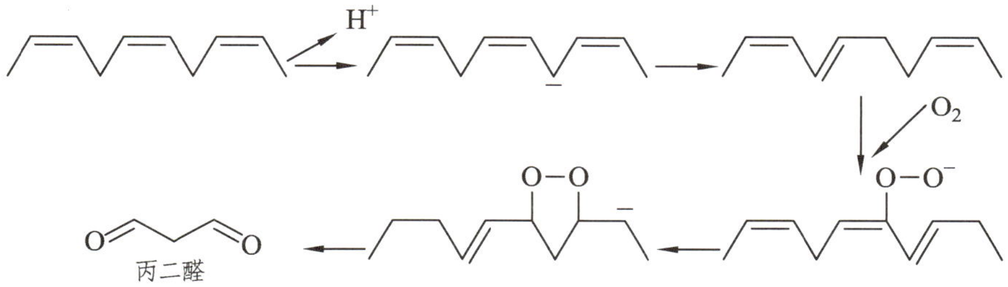

图 33-1 膜脂过氧化作用

丙二醛（MDA）是常用的膜脂过氧化指标，在酸性和高温条件下，可以与硫代巴比妥酸（TBA）反应生成红棕色的三甲川（3,5,5-三甲基噁唑-2,4-二酮，见图 33-2），其最大吸收波长在 532 nm，在 600 nm 处有最小光吸收。但是测定植物组织中 MDA 含量时受多种物质的干扰，其中最主要的是可溶性糖，糖与 TBA 显色反应产物的最大吸收波长在 450 nm，532 nm 处也有光吸收。植物遭受干旱、高温、低温等逆境胁迫时可溶性糖增加，因此测定植物组织中 MDA-TBA 反应物含量时一定要排除可溶性糖的干扰。低浓度的铁离子能够显著增加 TBA 与蔗糖或 MDA 显色反应物在 532、450 nm 处的吸光度值，所以在蔗糖、MDA 与 TBA 显色反应中需一定量的铁离子，通常植物组织中铁离子的含量为 $100 \sim 300 \ \mu g \cdot g^{-1}$ DW，根据植物样品量和提取液的体积，加入 Fe^{3+} 的终浓度为 $0.5 \ \mu mol \cdot L^{-1}$。

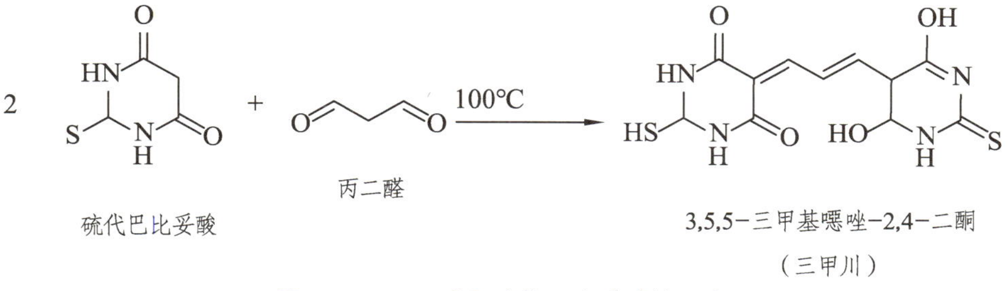

图 33-2 丙二醛和硫代巴比妥酸的反应

1. 直线回归法

MDA 与 TBA 显色反应产物在 450 nm 波长下的消光度值为零。不同浓度的蔗糖（0～25 mmol·L^{-1}）与 TBA 显色反应产物在 450 nm 的吸光度值与 532 nm 和 600 nm 处的吸光度值之差呈正相关，配制一系列浓度的蔗糖与 TBA 显色反应后，测定上述三个波长的吸光度值，求其直线方程，可求出蔗糖在 532 nm 处的吸光度值。UV-120 型紫外可见分光光度计的直线方程为

$$Y_{532} = -0.00198+0.088D_{450} \tag{33-1}$$

2. 双组分分光光度计法

根据朗伯-比尔定律，A 或 $D = KbC$，当液层厚度为 1cm 时，$K = D/C$，K 称为该物质的比吸收系数。当某一溶液中有数种吸光物质时，某一波长下的吸光度值等于此混合液在该波长下各显色物质的吸光度之和。

即：

$$D_1 = C_a \cdot K_{a1}+C_b \cdot K_{b1} \tag{33-2}$$

$$D_2 = C_a \cdot K_{a2}+C_b \cdot K_{b2} \tag{33-3}$$

式中，D_1 为吸光物质 a 和吸光物质 b 在波长 λ_1 时的吸光度之和，D_2 为物质 a 和物质 b 在波长 λ_2 时的吸光度之和，C_a 为物质 a 的浓度（mol·L^{-1}），C_b 为物质 b 的浓度（mol·L^{-1}），K_{a1}，K_{b1} 分别为 a，b 在波长 λ_1 处的摩尔吸收系数，K_{a2}，K_{b2} 分别为 a，b 在波长 λ_2 处的摩尔吸收系数。

已知蔗糖与 TBA 显色反应产物在 450 mm 和 532 m 波长下的比吸收系数分别为 85.40，7.40，MDA 在 450 nm 波长下无吸收，故该波长的比吸收系数为 0，532 nm 波长下的摩尔吸收系数为 155 000，根据（33-2）（33-3）建立方程组：

$$D_{450} = 85.40C_1$$

$$D_{532}-D_{600} = 7.40C_1+155000C_2$$

解方程得计算公式：

$$C_1(\text{mmol·L}^{-1}) = 11.71D_{450} \tag{33-4}$$

$$C_2(\mu\text{mol·L}^{-1}) = 6.45(D_{532}-D_{600})-0.56D_{450} \tag{33-5}$$

式中：C_1 为可溶性糖的浓度；C_2 为 MDA 的浓度；D_{450}、D_{532}、D_{600} 分别代表 450 nm、532 nm 和 600 nm 波长下的吸光度值。

三、实验用品

（1）材料：受逆境胁迫的植物叶片或衰老的植物器官。

（2）器具：紫外可见分光光度计、离心机、电子天平、10 mL 离心管、研钵、试管、移液管、剪刀。

（3）试剂：10%三氯乙酸（TCA）、石英砂、0.6%硫代巴比妥酸：先加少量 1 moL·L^{-1} 的氢氧化钠溶解，再用 10%的三氯乙酸定容。

四、实验步骤

（1）MDA 的提取。称取剪碎的植物材料 1 g，加入 2 mL 10%TCA 和少量石英砂，研磨至匀浆，再加 8 mL TCA 进一步研磨成匀浆，4 000 r/min 离心 10 min，上清液为样品提取液。

（2）显色反应和测定。吸取离心后的上清液 2 mL（对照以 2 mL 蒸馏水代替），加入 2 mL 0.6%TBA 溶液，混匀后于沸水浴上反应 15 min，迅速冷却后再离心，取上清液测定 532 nm、600 nm 和 450 nm 波长下的吸光度。

五、结果计算

（1）直线方程法　按公式（33-1）求出样品中糖分在 532 nm 处的吸光度值 Y_{532}，用实测 532 nm 的吸光度值减去 600 nm 非特异吸收的吸光度值再减去 Y_{532}，其差值为测定样品中 MDA-TBA 反应产物在 532 nm 的吸光度。按 MDA 在 532 nm 处的毫摩尔吸光系数为 155 换算，求出提取液中 MDA 浓度。

即：
$$C(\mu mol \cdot L^{-1}) = (D_{532} - D_{600} - Y_{532})/(155 \times d) \tag{33-6}$$

式中，Y_{532} 为样品中糖分在 532 nm 处的吸光度值，D_{532} 为实测吸光度值，D_{600} 为 600 nm 非特异吸收的吸光度值，d 为比色杯厚度。

（2）双组分分光光度法　按公式（33-5）可直接求得植物样品提取液中 MDA 的浓度。

用上述任一方法求得 MDA 的浓度，根据植物组织的重量计算测定样品中 MDA 的含量：MDA($\mu mol \cdot g^{-1}$)含量 = MDA 浓度($\mu mol \cdot L^{-1}$)×提取液体积(L)/植物组织鲜重(g)

六、注意事项

（1）MDA-TBA 反应时沸水浴加热控制在 10 ~ 15 min，时间太短或太长都会引起 532 nm 处的吸光度下降；

（2）为了保证实验的准确性，所用试剂最好现用现配。

七、思考题

（1）在测定丙二醛含量的过程中，为什么要测 D_{600} 用于计算？

（2）查阅相关文献，分析测定植物组织中丙二醛含量时会受到哪些因素的影响？如何消除这些因素？

（3）什么是膜脂过氧化作用？它是由哪些因素造成的？

实验 34
植物体内游离脯氨酸含量的测定

一、实验目的和要求

（1）了解脯氨酸与植物逆境胁迫、衰老的关系。
（2）掌握脯氨酸测定原理和测定方法。

二、实验原理

在正常环境条件下，植物体内游离脯氨酸含量较低，但在逆境胁迫及植物衰老时，植物体内游离脯氨酸含量显著增加，并且游离脯氨酸积累量与逆境程度、植物的抗逆性有关。由于脯氨酸亲水性极强，这对于调节植物体内渗透平衡、防止渗透胁迫对植物造成伤害、保护细胞结构具有重要的生理意义。因此，测定植物体内游离脯氨酸的含量，在一定程度上可以判断逆境对植物的伤害程度和植物对逆境的抵抗力。

在酸性条件下，脯氨酸与茚三酮反应生成稳定的红色缩合物，此缩合物经甲苯提取后，在 520 nm 处有最大吸收峰，可以用分光光度法测定其吸光度，计算出脯氨酸的含量。

三、实验用品

（1）材料：植物叶片。
（2）器具：分光光度计、恒温水浴锅、具塞刻度试管、研钵、电子天平、容量瓶、移液管。
（3）试剂：
① 称取 3g 磺基水杨酸加蒸馏水定容到 100 mL。
② 甲苯。
③ 2.5%酸性茚三酮溶液：称取 1.25 g 茚三酮溶于 30 mL 冰乙酸和 20 mL 6M 磷酸溶液中，加热（低于 70 ℃）搅拌溶解，冷却后倒入棕色瓶中，于 4 ℃下保存，可使用 2～3 天；（6M H_3PO_4：16 mL H_3PO_4 溶到 50 mL 水中。）
④ 脯氨酸标准溶液：称取 10 mg 脯氨酸，蒸馏水定容到 100 mL（100 μg·mL^{-1}），再用蒸馏水稀释成 1.0、2.5、5.0、10.0、15.0、20.0 μg·mL^{-1} 系列溶液。

四、实验步骤

（1）脯氨酸标准曲线制作：按表 34-1 加入各种试剂，混匀后在沸水浴中加热 30 min。

表 34-1 脯氨酸标准曲线制作

管号	标准脯氨酸溶液各 2 mL（单位：mg）	冰乙酸	茚三酮溶液	OD 值（520 nm）
1	0	2	3	
2	1	2	3	
3	2.5	2	3	
4	5	2	3	
5	10	2	3	
6	15	2	3	
7	20	2	3	

（2）取出冷却后分别向各管加入 5 mL 甲苯，充分振荡以萃取红色物质，静置待分层后吸取甲苯层，以 1 号管为对照在 520 nm 处测定吸光度（OD 值）。

（3）以吸光度为纵坐标，脯氨酸含量为横坐标，绘制标准曲线，求线性回归方程。

（4）样品测定：

① 脯氨酸提取：取 6 支试管编号，3 支对照，3 支处理，取正常生长的和经过低温处理的叶片，每样品取 0.5 g，分别剪碎混匀置于相应的刻度试管中，均加入 5 mL 3%的磺基水杨酸，于沸水浴中浸提 10 min（提取过程中要经常摇动）。

② 萃取：取出试管冷却至室温后，吸取样品提取液的上清液 2 mL，加冰醋酸 2 mL 和酸性茚三酮 3 mL 混匀，于沸水浴中加热 30 min 进行显色，取出冷却后向各管分别加入 5 mL 甲苯，充分振荡以萃取红色物质，静置待分层后吸取红色溶液，置于比色杯中，以甲苯为空白对照，在分光光度计上 520 nm 处比色，测吸光度值。

五、结果计算

从标准曲线中查出测定液中脯氨酸浓度，按下式计算样品中脯氨酸含量的百分数。

$$脯氨酸(\mu g \cdot g^{-1}) = c \cdot V_{总}/(FW \cdot V_{测定})$$

c：待提取液中脯氨酸含量（μg），由标准曲线求得；

$V_{总}$：提取液总体积（mL）；

FW：样品重（g）；

$V_{测定}$：测量时吸取的体积（mL）。

六、思考题

（1）植物组织内游离脯氨酸测定有何意义？

（2）脯氨酸提取除本实验方法外，还有什么方法？测定时应作哪些改变？

实验 35
植物淀粉中总糖的测定

一、实验目的

（1）了解糖的多种测定方法及如何选择适宜的测定方法。

（2）了解和掌握 DNS 法测定还原糖和总糖的原理和方法。

二、实验原理

糖类包括单糖、寡糖和多糖。其中单糖和某些寡糖具有游离醛基或酮基，称为还原糖；多糖和蔗糖等则为非还原糖。糖的测定方法很多，测定单糖和大多数寡糖（低聚糖）常用的方法有化学法、物理法、色谱法和酶法等。化学法应用最为广泛，主要有利用糖类的游离醛基或酮基还原性进行测定的斐林试剂滴定法、3, 5-二硝基水杨酸法、蒽酮-硫酸法和地衣酚法等。物理法包括相对密度法、旋光法和折光法。色谱法有纸色谱法、柱色谱法、亲和色谱法、薄层层析法、高效液相色谱法、气相色谱法和离子色谱法等。酶法测定糖类，如：用葡萄糖氧化酶测定葡萄糖，用半乳糖脱氢酶测定半乳糖或乳糖等。对于多糖，可用苯酚-硫酸法、蒽酮-硫酸法等直接定量测定；淀粉的测定常使之水解为单糖，然后测定所生成的单糖的含量。而纤维素和果胶的测定则多采用重量法。在实际工作中可根据需要选择合适的测定方法。

本实验采用经过改良的 3, 5-二硝基水杨酸比色法。淀粉经酸水解后转化成还原糖，在 NaOH 和丙三醇存在下，3, 5-二硝基水杨酸（DNS）与还原糖共热后被还原生成氨基化合物。在过量的 NaOH 溶液中此化合物呈现橘红色，在 540 nm 波长处有最大光吸收，在一定的浓度范围内，还原糖的量与光吸收值呈线性关系，利用比色法即可测定样品中的含糖量。

三、实验用品

（1）材料：小麦淀粉。

（2）器具：电子天平、可见光分光光度计、水浴锅、电磁炉、25 mL 具塞试管、试管架、烧杯、容量瓶、滴管、移液管、玻璃棒、三角瓶、吸水纸、记号笔。

（3）试剂：

① 3, 5-二硝基水杨酸（DNS）：称取 6.5 g DNS 溶于少量蒸馏水中，移入 1 000 mL 容量瓶中，加入 2 mol·L^{-1} 氢氧化钠溶液 325 mL，再加入 45 g 丙三醇，摇匀，冷却后定容至 1 000 mL。

② 2 mg·mL^{-1} 葡萄糖标准溶液：准确称取葡萄糖 0.2 g，加少量蒸馏水溶解后以蒸馏

水定容至 100 mL，即含葡萄糖为 2 mg·mL^{-1}。

③ 6 mol·L^{-1} HCl 溶液：取 250 mL 浓盐酸（35%～38%）用蒸馏水稀释到 500 mL，分装保存。

④ 碘-碘化钾溶液：取 5 g 碘，10 g 碘化钾溶于 100 mL 蒸馏水中，分装于棕色滴瓶中。

⑤ 0.1%酚酞指示剂：0.1 g 酚酞，加乙醇 100 mL 使之溶解。分装于滴瓶中。

⑥ 10%氢氧化钠溶液：10 g 氢氧化钠，定容于 100 mL 蒸馏水中，分装于滴瓶中。

四、实验方法和步骤

1. 葡萄糖标准曲线制作

取 5 支 25 mL 具塞试管，按表 35-1 加入 2 mg·mL^{-1} 葡萄糖标准液和蒸馏水。

表 35-1　葡萄糖标准曲线制作

管号	葡萄糖标准液（mL）	蒸馏水（mL）	葡萄糖含量（mg）
0	0	1.0	0
1	0.2	0.8	0.4
2	0.4	0.6	0.8
3	0.6	0.4	1.2
4	0.8	0.2	1.6
5	1.0	0	2.0

在上述试管中分别加入 DNS 试剂 2.0 mL，于沸水浴中准确加热 5 min 进行显色，取出后用流水迅速冷却，分别加入 9 mL 蒸馏水摇匀，以 0 号管为空白调零，在 540 nm 波长处测定光吸收值。以葡萄糖含量（mg）为横坐标，光吸收值为纵坐标，绘制标准曲线。

2. 样品总糖的水解及提取

准确称取 1 g 淀粉，放在三角瓶中，加入 6 mol·L^{-1} HCl 10 mL，蒸馏水 15 mL，在沸水浴中加热 0.5 h 取出 1～2 滴置于白瓷板上，加 1 滴碘-碘化钾溶液检查水解是否完全。如已水解完全，则不呈现蓝色。水解完毕后，冷却至室温再加入 1 滴酚酞指示剂，以 10%氢氧化钠溶液中和至溶液呈微红色后，用容量瓶定容至 250 mL，即总糖提取液总体积为 250 mL。

3. 样品中总糖含量的测定

取 4 支 25 mL 具塞试管，分别按表 35-2 加入试剂：

表 35-2　测总糖含量加入试剂

项目	空白	总糖		
	0	1	2	3
样品溶液/mL	0	0.5	0.5	0.5
3，5-二硝基水杨酸/mL	2.0	2.0	2.0	2.0

　　加完试剂后，于沸水浴中准确加热 5 min 进行显色，取出后用流动水迅速冷却，各样品管中加入蒸馏水 9.5 mL，空白管中加入蒸馏水 10 mL，摇匀，在 540 nm 波长处测定光吸收值。测定后，取样品的光吸收平均值在标准曲线上查出相应的糖量。

五、结果处理

按下式计算出淀粉中总糖的百分含量：

$$总糖(以葡萄糖计)\% = (c×V)/(m×1000)×100$$

c：总糖提取液的浓度，$mg·mL^{-1}$；

V：总糖提取液的总体积（mL）；

m：样品重量（g）；

1 000：mg 换算成 g 的系数。

六、作业

（1）先写好预习报告，包括实验目的与原理、实验材料、设备与试剂。

（2）做完实验后，完成实验报告的其余内容。

（3）在实验中沸水浴加热显色时，为什么要严格控制加热时间？

实验 36
蛋白质的沉淀反应

一、实验目的

（1）掌握蛋白质的相关性质。
（2）熟悉蛋白质的沉淀反应。

二、实验原理：

大多数蛋白质是亲水胶体，当其稳定因素被破坏或与某些试剂结合成不溶解的盐后，即产生沉淀。

蛋白质盐析作用：向蛋白质溶液中加入中性盐，到一定浓度时，蛋白质即沉淀析出，这种作用称为盐析。盐析作用与两种因素有关：（1）蛋白质分子被浓盐溶液脱水；（2）蛋白质分子所带电荷被中和。蛋白质的盐析作用是可逆的，用盐析方法沉淀蛋白质时，较少引起蛋白质变性，经透析或用水稀释时又可溶解称为盐溶。不同的蛋白质盐析所需中性盐的浓度与蛋白质种类和 pH 有关，分子量大的蛋白质（如球蛋白）比分子量小的（如清蛋白）容易析出，球蛋白在半饱和硫酸铵溶液中即可析出，而清蛋白需在饱和硫酸铵溶液中才能析出。

乙醇沉淀蛋白质：乙醇为脱水剂，能破坏蛋白质的水化层使其沉淀下来，在低温下用乙醇短时间作用于蛋白质的沉淀反应是可逆反应。

重金属盐沉淀蛋白质：蛋白质与重金属离子结合成不溶性盐类而沉淀，此类沉淀反应为不可逆反应。

三、实验用品

（1）材料：蛋白质溶液（一份鸡蛋清加 10 份的 0.9% NaCl 溶液，混匀过滤后使用，提前制备放冰箱冷藏）。

（2）器具：电子天平、25 mL 具塞试管、试管架、烧杯、容量瓶、滴管、移液管、铁架台、漏斗、滤纸、烧杯、滴瓶、记号笔。

（3）试剂：饱和硫酸铵溶液、硫酸铵晶体、95%乙醇、氯化钠结晶、1%硫酸锌、1%硫酸铜溶液

四、实验方法和步骤

（1）蛋白质的盐析和盐溶：取 5 mL 蛋白质溶液，加入等量饱和硫酸铵溶液，稍微摇动试管，使溶液混匀后静置几分钟，球蛋白即析出。将上述混合液过滤，滤液中加硫酸铵

粉末，至不再溶解，析出的即是清蛋白。再加水稀释，观察蛋白质是否能溶解。

（2）乙醇沉淀蛋白质：取 1 mL 蛋白质溶液，加少许氯化钠晶体，待溶解后再加入 2 mL 95%乙醇混匀，观察有无沉淀析出。

（3）重金属盐沉淀蛋白质：取 2 支试管分别加入 2 mL 蛋白质溶液，一个管内滴加 1%的硫酸锌溶液，另一管内滴加 1%的硫酸铜溶液，直至有沉淀产生。

五、作业

（1）完成实验报告，并分析影响蛋白质溶液稳定性的因素。

（2）尝试用盐溶液来沉淀大豆中的蛋白质。

第三部分

研究性和综合性实验

实验 37
叶绿体色素的提取、分离和理化性质

一、实验目的与要求

（1）掌握提取、分离叶绿体色素的方法和原理。
（2）了解叶绿体色素的种类及其理化性质。

二、实验原理

　　叶绿体含有叶绿体色素，叶绿体色素主要包括叶绿素 a(Chla)、叶绿素 b(Chlb)、叶黄素和胡萝卜素，可用有机溶剂如：乙醇、丙酮等将它们提取出来。纸层析法是分离叶绿体色素最简单的方法。它的原理是利用混合色素中各个成分的物理、化学性质的差别，分别以不同程度分布于两相中（即固定相和流动相）。由于它们以不同的速度移动，从而达到分离的目的。

　　叶绿体色素容易受光的破坏，变成褐色，叶绿体色素具有荧光现象。叶绿素分子中的镁可被铜替代。形成铜代叶绿素。叶绿体色素对不同波长的光具有吸收作用。

三、实验用品

　　（1）材料：植物叶片。
　　（2）器具：手持分光镜、电子天平、快速混匀器、研钵、容量瓶、试管、电炉、移液管、试管架、试管、三角瓶、烧杯、酒精灯、量筒、滤纸、培养皿、剪刀、分液漏斗、滴管等。
　　（3）试剂：95%乙醇、汽油或乙醚、石英砂、碳酸钙、质量分数 5% 的盐酸、醋酸铜等。

四、实验步骤

　　1. 纸层析法分离叶绿体色素（方法 1）

　　（1）称取绿色叶片 1 g，剪碎放入研钵中，加 95%乙醇 5 mL，研磨成匀浆后静置 5 min。
　　（2）用滴管吸取上面的色素提取液 4～5 滴。一滴一滴地滴在滤纸的中央（滤纸要平放在培养皿上）。待色素点风干后，向该色素点上慢慢滴加汽油，使四种色素（叶绿素 a、叶绿素 b、叶黄素、胡萝卜素）在滤纸上分离出来，四种色素在滤纸上的移动速度是胡萝卜素（橙黄色）>叶黄素（黄色）>叶绿素 a（蓝绿色）>叶绿素 b（黄绿色）。

　　2. 纸层析法分离叶绿体色素（方法 2）

　　（1）称 2 克绿色叶片，剪碎放入研钵中，加入 95%乙醇 5 mL，研磨成匀浆后，再加入 95%乙醇 20 mL 充分混匀过滤，该滤液即为色素提取液。

（2）取一块预先干燥处理过的定性滤纸，将它剪成长约 10 cm，宽约 1 cm 的滤纸条。

（3）用毛细管吸取色素提取液，在滤纸条的一端（约距这一端的 1 cm 处）画出一条滤液细线，等滤液干燥后，再重复画 4～5 次。

（4）将滤纸条的另一端（约距这一端 1 cm 处）折成"V"字形，并将它挂在放有层析液的烧杯壁上（注意：色素线要略高于层析液面，滤纸条的下端最好不要碰到烧杯壁），盖上培养皿。

（5）几分钟后，观察色素带的分布，最上端为胡萝卜素，其次是叶黄素。再次是叶绿素 a，最后是叶绿素 b。

3. 叶绿体色素的性质鉴定

（1）叶绿体色素的提取。

取植物叶片 2 g 加少许石英砂和碳酸钙，5 mL95%乙醇，研磨成匀浆，倒入 25 mL 容量瓶中，用 95%乙醇定容至 25 mL，然后用漏斗过滤，即为色素提取液。

（2）叶绿素的荧光现象。

取上述色素提取液少许于试管中，在反射光和透射光下观察色素提取液的颜色有什么不同，反射光下观察到的溶液颜色，即为叶绿素产生的荧光现象。

（3）光对叶绿素的破坏作用。

取上述色素提取液少许，分装在 2 支试管中，1 支试管放在暗处（或用黑纸包裹），另 1 支试管放在强光下，经 2～3 h 后，观黎两支试管中溶液的颜色有何不同。

（4）铜在叶绿素分子中的替代作用。

取少许上述色素提取液置于试管中，逐滴加入盐酸，直至溶液出现褐绿色，此时叶绿素分子已遭破坏，形成去镁叶绿素。然后加醋酸铜晶体 1 小粒，慢慢地在酒精灯上加热溶液，溶液又产生亮绿色，这表明铜在叶绿素分子中替代了原来镁的位置。

（5）黄色素和绿色素的分离（皂化反应）。

将叶绿体色素的乙醇提取液 10 mL 倒入分液漏斗中，倾斜漏斗，并沿其壁慢慢加入 15 mL 汽油（或乙醚），轻轻摇动 5 min，静置片刻后，溶液即分为两层，上层为绿色的汽油层，主要含叶绿素，为使色素分离完全，从分液漏斗中放出下层乙醇溶液，将之盛于干燥的试管（A）中，再往留在分液漏斗中的汽油层色素溶液加入 95%乙醇 5 mL，轻轻摇动，弃去下层的黄色溶液，并将上层绿色的叶绿素汽油层提取液放入试管（B）中，用棉花塞住试管口，同样将试管（A）所盛的黄色乙醇溶液倒入分液漏斗中，加入汽油 5 mL，轻轻摇动分液漏斗，将下层黄色溶液放入试管（C）中，用棉花塞上试管口。

（6）黄色和绿色溶液的吸收光谱的观察。

用手持分光镜观察黄色溶液和绿色溶液的吸收光谱，

五、结果分析

（1）将纸层析法分离叶绿体色素的实验结果贴在实验报告纸上，并进行分析。

（2）解释叶绿体色素的光学性质。

六、思考题

（1）Chla、Chlb，叶黄素和胡萝卜素在滤纸上的分离速度不一样，这与它们的分子量有关吗？

（2）什么叫叶绿素的荧光现象？铜代叶绿素有荧光现象吗？

七、注意事项

（1）为了避免叶绿素的光分解，操作应在弱光下进行；

（2）研磨时间尽可能短些，以不超过两分钟为宜，并将叶片中色素浸提干净；

（3）皂化作用过程中，若溶液不分层，可以沿管壁滴加蒸馏水促进分层。

实验 38
植物根尖细胞超氧阴离子含量的测定

一、实验目的与要求

（1）熟练掌握三种方法测定超氧阴离子含量的原理，并能够列举出三种检测方法的优缺点。

（2）能够独立完成小麦根尖细胞超氧阴离子含量和分布的测定，并能够举一反三用于其他材料的测定。

（3）能够根据实验目的和实验条件，独立设计关于超氧阴离子含量和分布测定的相关实验。

二、实验原理

1. 分光光度法检测超氧阴离子含量的原理

羟胺氧化法用于测定植物组织中超氧阴离子的产生速率，用来判断植物组织细胞受损状况和抗性强弱。羟胺（NH_2OH）与超氧阴离子自由基（$O_2^{·-}$）反应，生成亚硝酸根（NO_2^-），亚硝酸根再与对氨基苯磺酸和 α-萘胺反应生成粉红色的偶氮染料，该染料在 530 nm 波长处具有显著光吸收。通过测量这一光吸收，可以定量分析超氧阴离子的含量。

2. NBT 原位显色法

NBT（氯化硝基四氮唑蓝：Nitrotetrazolium blue chloride）是脱氢酶和其他氧化酶的显色底物，一般应用于较嫩的根尖、叶片等的整体染色。超氧阴离子能将 NBT 还原成不溶于水的蓝色甲臢化合物，成为蓝黑色的点状或块状物，沉积于组织细胞中，从而定位组织中的超氧阴离子。通过观察和检测这些蓝黑色物质的染色深浅和分布，显示了超氧阴离子在小麦根尖中的含量和分布。

3. DHE 荧光探针法

DHE（称氢乙锭：Dihydroethidium）是一种超氧阴离子荧光探针（$\lambda_{Ex}/\lambda_{Em} = 518/616$ nm），可以自由进入细胞，在细胞质中具有蓝色荧光。DHE 与超氧阴离子反应，被氧化为羟基溴化乙锭。生成的羟基溴化乙锭可以进入细胞核插入 DNA 双链，使细胞核染成明亮的荧光红色（见图 38-1）。因此，可用于检测活细胞中的超氧阴离子的含量和分布。但是，DHE 除了与超氧阴离子特异性氧化产生羟基溴化乙锭外，还可以被非特异性氧化为溴化乙锭。产生的溴化乙锭也可以进入细胞，插入 DNA 双链中而使细胞核显红色。因此，DHE 荧光探针检测超氧阴离子也有非特异性荧光产生，需要与其他检测方法一起相互印证。

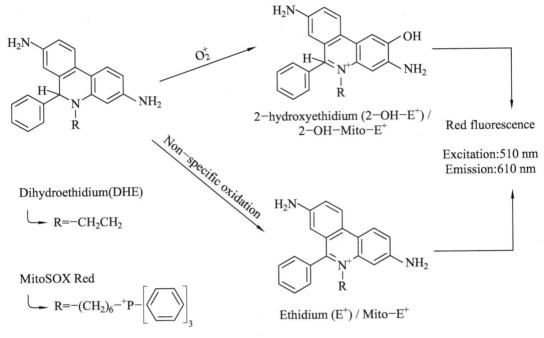

图 38-1　DHE 检测超氧阴离子的化学原理（引自范德生物试剂说明书）

三、实验用品

（1）材料：小麦种子或叶片。

（2）器具：研钵、高速冷冻离心机、微量移液枪、离心管、试管、水浴锅、容量瓶和分光光度计、体式显微镜（SMZ-T2）、冷冻切片机、显微镜、载玻片、盖玻片、镊子、刀片、液氮罐、恒冷箱。

（3）试剂：0.05%次氯酸钠、50 mmol·L⁻¹磷酸缓冲液（pH7.8）、1 mmol·L⁻¹盐酸羟胺溶液、17 mmol·L⁻¹对氨基苯磺酸溶液、7 mmol·L⁻¹α-萘胺溶液和 100 μmol·L⁻¹ NaNO₂ 标准溶液、0.75 mmol·L⁻¹ NBT 溶液中（0.05mmol·L⁻¹，pH7.8 的磷酸缓冲液溶解）、OCT 包埋剂（optimal cutting temperature compound）。

四、实验操作与观察

1. 实验材料的培养

（1）消毒。取一定量的小麦种子用自来水冲洗，除去杂质和干瘪的种子，再用蒸馏水反复清洗 2～3 遍，用 0.05%次氯酸钠溶液浸泡 15 min，进行消毒处理，然后用蒸馏水洗净备用。

（2）发芽。将两层定性滤纸铺放于直径为 12 cm 的培养皿（已灭菌）中，加入 10 mL 的蒸馏水作为发芽床，放置经过消毒的小麦种子，于光照培养箱中（25 ℃黑暗条件下）进行常规催芽，每个处理 35 粒种子，重复 3 次。

（3）培养。催芽后的小麦放在光照培养箱中进行培养，培养条件为 25 ℃光照 12 h，

20 ℃黑暗 12 h，以备后续实验利用。

2. 分光光度法检测超氧阴离子含量

（1）提取。取培养第 6 天的小麦幼苗，称取根或叶片鲜重 1.0 g，共加入 8 mL 50 mmol·L^{-1}磷酸缓冲液（pH7.8）研磨，4 ℃，10 000 r/min，离心 10 min。上清液用来测定 $O_2 \cdot^-$。

（2）标准曲线的制作。取 20mL 试管 7 支，编号，按表 38-1 顺序添加试剂，每加入一种试剂摇动试管使之混匀。

表 38-1 超氧阴离子含量标准曲线绘制

试剂	试管号							
	1	2	3	4	5	6	7	8
NaNO$_2$ 的标准液/mL	0	0.02	0.04	0.1	0.2	0.4	1.0	2.0
蒸馏水/mL	2.0	1.98	1.96	1.9	1.8	1.6	1.0	0
对氨基苯磺酸/mL	2.0	2.0	2.0	2.0	2.0	2.0	2.0	2.0
α-萘胺试剂/mL	2.0	2.0	2.0	2.0	2.0	2.0	2.0	2.0
每管 NO$_2^-$含量/μg	0	0.1	0.2	0.5	1	2	5	10

加完试剂后将试管置 30 ℃水浴保温 30 min，显色反应后测定 A_{530}，以 NO$_2^-$浓度为横坐标，A_{530}值为纵坐标，绘制标准曲线。

（3）测定。0.5 mL 粗酶液中加入 0.5 mL 50 mmol·L^{-1}磷酸缓冲液（pH7.8），1 mL1 mmol·L^{-1} 盐酸羟胺，摇匀，于 25 ℃保温 20 min，然后再加入 1 mL 17 mmol·L^{-1}对氨基苯磺酸和 1mL 7 mmol·L^{-1} α-萘胺，混匀，于 30 ℃保温 30 min。测定 530 nm 处 OD 值，记录测定数据。

（4）计算。从标准曲线上查出样品测定液对应 NO$_2^-$的浓度，并换算成 $O_2 \cdot^-$的浓度(X)，按下式计算 $O_2 \cdot^-$含量。

$$O_2 \cdot^- 含量(\mu g \cdot g^{-1} FW) = 2X \cdot V_t (FW \cdot V_s)^{-1}$$

2：测定时样品提取液的稀释倍数；

V_t：样品提取液的体积（mL）；

FW：样品鲜重（g）

V_s：显色反应时取样品液的量（mL）

3. NBT 原位染色法

（1）染色。取培养 2～3 天的小麦幼苗，用蒸馏水清洗根部。将幼苗根部浸泡在含有 0.75 mmol·L^{-1} NBT 的染色缸中，于摇床上避光染色 15 min。

（2）洗脱。用 0.05 mmol·L^{-1} PBS(pH = 7.2)洗去染液，将根尖剪下置于滴 0.05 mmol·L^{-1} PBS(pH = 7.2)的载玻片上，盖上盖玻片。

（3）观察并拍照。用体式显微镜观察拍照，拍照视野内需放置标尺参照。每个处理至少要选取 6 个以上的根尖进行拍照（见图 38-2）。

（4）数据处理。选取最有代表性的图片，对 NBT 法观察到的结果进行描述和分析超氧阴离子在小麦根尖细胞内的分布和含量。

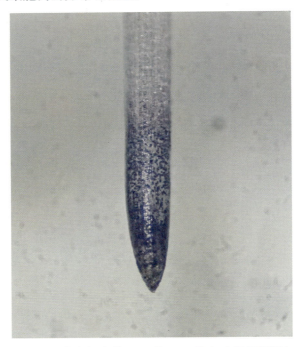

图 38-2　小麦根尖的 O2·⁻的 NBT 染色（景红娟摄）

4. DHE 荧光探针法

（1）样品准备。选取培养 2~3 天，生长良好的小麦根尖，用蒸馏水冲洗干净，吸干水分。

（2）固定。将上述洗干净的小麦根用剪刀，剪取长 1~2 cm 长的根尖，将其放置在 2.5% 戊二醛固定液中备用。固定后的小麦根尖可以放置在 4 ℃冰箱中保存备用。如果新鲜的植物材料直接做实验，也可以省去固定环节。

（3）冷冻。将新鲜或固定后的根尖，放置在滴有 OCT 包埋剂的样品托上，迅速放置在冷冻切片机的-20 ℃恒冷箱内。

（4）切片。从恒冷箱中取出冷冻的样品，将样品托安装在冷冻切片机上。调整切片机的参数，如切片厚度等，然后进行切片。将切下的薄片转移到粘附性载玻片上，做好标记。

（5）染色。放入 0.05 mmol·L⁻¹ PBS(pH = 7.2)配制的 5μM DHE 染液中黑暗条件染色 10 min，随后用 0.05 mmol·L⁻¹ PBS(pH = 7.2)洗涤三次后于脱色摇床上黑暗脱色 15 min。

（6）拍照。将洗涤后的载玻片在黑暗条件下自然晾干，在荧光显微镜下观察并拍照，记录图片放大倍数，根据不同倍数下拍摄的标尺长度添加标尺（见图 38-3）。

（7）数据处理。对 DHE 法检测到的荧光强度进行定量分析，计算细胞内超氧阴离子的含量。可以使用分光光度计或荧光显微镜自带的软件进行数据分析。

图 38-3 小麦根尖的 $O_2{}^{\cdot-}$ 的 DHE 染色（景红娟摄）

五、作业

（1）比较三种检测超氧阴离子含量方法的优缺点，提出实验中存在的问题和改进措施。

（2）思考影响小麦根尖细胞超氧阴离子含量的因素有哪些？并设计实验进行验证。

（3）查阅资料，了解其他检测超氧阴离子含量的方法，并比较其优缺点。

实验 39
植物根尖细胞过氧化氢含量的测定

一、实验目的与要求

（1）能够描述分光光度法、DAB 法和 DCFH-DA 法检测小麦根尖细胞过氧化氢含量的原理和操作方法。

（2）掌握过氧化氢在小麦根尖细胞中的分布和含量变化。

（3）能够独立并熟练完成小麦根尖细胞过氧化氢含量及分布的测定和数据处理，并能够举一反三应用于其他材料的测定。

二、实验原理

1. 分光光度法检测 H_2O_2 含量

过氧化氢具有强氧化性，可以与钼酸铵[$(NH_4)_2MoO_4$]反应生成稳定的黄色复合物。生成的黄色复合物的颜色深浅与过氧化氢的浓度成正比。因此，可以通过测量黄色复合物的吸光度来定量测定过氧化氢的含量。

2. DAB 原位检测

DAB（3，3′-二氨基联苯胺）是一种可溶于水的四胺类联苯复合物，主要用于过氧化物酶底物以及免疫组织化学和免疫印迹染色。DAB 是过氧化物酶的生色底物，在过氧化氢的存在下失去电子，形成棕褐色不溶性产物，牢固地沉积在细胞膜或组织上的过氧化物酶周围。通过检测这些棕色物质的颜色深浅和沉积部分，可以检测细胞内过氧化氢的含量和分布。

3. DCFH-DA 荧光探针检测

DCFH-DA（2′，7′-二氯荧光素二乙酸酯）是一种非荧光性化合物，可透过细胞膜进入细胞内。在细胞内酯酶的作用下，DCFH-DA 被水解成 DCFH（2′，7′-二氯荧光素）。DCFH 可被细胞内的过氧化氢氧化成具有荧光的 DCF（2′，7′-二氯荧光素二乙酸酯）。通过检测DCF 的荧光强度，可以定量分析细胞内过氧化氢的含量。

三、实验用品

（1）材料：小麦种子、培养皿、滤纸。

（2）器具：酶标仪、显微镜、荧光显微镜、移液器、培养箱、离心机、移液器、研钵、试管、烧杯、容量瓶。

（3）试剂：0.05%次氯酸钠溶液，0.1 mg·mL^{-1}的 DAB 溶液，用 50 mmol·L^{-1} Tris-acetate

缓冲液（pH 5.0）配制；DCFH-DA 溶液：10 μM 的 DCFH-DA 溶液，用 DMSO（二甲基亚砜）配制；0.01 M PBS 缓冲液（pH7.4）、DMSO、乙醇、5%三氯乙酸，5%钼酸铵、0.5%H₂O₂、乳酸、苯酚和其他常规试剂如氯化钠、氯化钾等。

四、实验操作与观察

1. 实验材料的培养

（1）消毒。取一定量的小麦种子用自来水冲洗，除去杂质和干瘪的种子，再用蒸馏水反复清洗 2~3 遍，用 0.05%次氯酸钠溶液浸泡 15 min，进行消毒处理，然后用蒸馏水洗净备用。

（2）发芽。将两层定性滤纸铺放于直径为 12 cm 的培养皿（已灭菌）中，加入 10 mL 的蒸馏水作为发芽床，放入经过消毒的小麦种子，于光照培养箱中（25 ℃黑暗条件下）进行常规催芽，每个处理 35 粒种子，重复 3 次。

（3）培养。催芽后的小麦放在光照培养箱中进行培养，培养条件为 25 ℃光照 12 h，20 ℃黑暗 12 h，以备后续实验利用。

2. 分光光度法检测 H₂O₂ 含量

（1）标准曲线制作。取 7 支 10 mL 离心管，编号，按表 39-1 加入试剂并摇匀，制备一系列梯度的过氧化氢标准液。

表 39-1　H₂O₂ 含量测定标准曲线加样表

管号	1	2	3	4	5	7
浓度	0.1%	0.08%	0.06%	0.04%	0.02%	0.01%
取 0.5%H₂O₂ 量/mL	2	1.6	1.2	0.8	0.4	0.2
蒸馏水/mL	8	8.4	8.8	9.2	9.6	9.8

在 96 孔酶标板中，加入 100 μL 的过氧化氢标准液，再加入 200 μL 5%钼酸铵，反应 10 min 后，用安图 1020 型酶标仪测定 405 nm 下的吸光度（A_{405}），以过氧化氢浓度为横坐标，A_{405} 吸光度为纵坐标，绘制标准曲线。

（2）提取液的制备。称取小麦幼苗叶片或根鲜重 0.2 g，共加入 1.4 mL 5%三氯乙酸研磨，4 ℃，12 000 r/min，离心 15 min。

（3）测定。在 96 孔酶标板中，加入 100 μL 的提取液，再加入 200 μL 5%钼酸铵，反应 10 min 后，用安图 1020 型酶标仪测定 A_{405}，根据标准曲线计算 H₂O₂ 含量。

（4）计算。从标准曲线上查出样品测定液对应过氧化氢的浓度（X），按下式计算过氧化氢含量。

$$过氧化氢含量（μg\cdot g^{-1}FW）= X \cdot V_t \cdot (FW \cdot V_s)^{-1}$$

V_t：样品提取液的体积（mL）；

FW：样品鲜重（g）

V_s：显色反应时取样品液的量（mL）

3. DAB 原位染色

（1）染色。将萌发 3 天的小麦幼苗的根尖置于 0.1 mg·mL⁻¹ 溶于 50 mmol·L⁻¹Tris-acetate 缓冲液（pH 5.0）的 DAB（3,3′-diaminobenzidine）中，然后放置于暗处 25℃轻摇 24 h（200 r/min）。

（2）洗脱。取出小麦幼苗根尖，放置于 80% 的乙醇中，70 ℃加热 20 min，然后将种子迅速转移到乳酸∶苯酚∶水（1∶1∶1，v/v）的混合溶液中洗脱。

（3）观察并拍照。将洗脱后的小麦根尖放置在体视显微镜下观察拍照，每个处理至少要选取 6 个根尖进行拍照（见图 39-1）。

（4）数据处理。选取最有代表性的图片，对 DAB 法观察到的结果进行描述和分析，分析过氧化氢在小麦根尖细胞内的分布和含量。

4. DCFH-DA 荧光探针检测

（1）染色。取培养 2～3 天的小麦根尖，放入含有 DCFH-DA 溶液的培养皿中，在 37 ℃的培养箱中孵育 30 min。

（2）洗脱。取出根尖，用 PBS 缓冲液冲洗数次，以去除多余的 DCFH-DA。为了防止产生的 DCF 荧光在光照条件下猝灭，染色和洗脱的过程均要求遮光，在暗处进行。

（3）拍照。将根尖放在荧光显微镜下观察，激发波长为 488 nm，发射波长为 525 nm。记录荧光强度，以定量分析细胞内过氧化氢的含量（见图 39-2）。

（4）数据处理。对 DCFH 法检测到的荧光强度进行定量分析，计算细胞内过氧化氢的含量。可以使用分光光度计或荧光显微镜自带的软件进行数据分析。

图 39-1   小麦根尖的过氧化氢的 DAB 染色（李翠香摄）

图 39-2 小麦根尖的过氧化氢的 DCFH 染色（景红娟摄）

五、实验报告及作业

（1）比较三种检测过氧化氢含量方法的优缺点，提出实验中存在的问题和改进措施。

（2）思考影响小麦根尖细胞过氧化氢含量的因素有哪些？并设计实验进行验证。

（3）查阅资料，了解其他检测过氧化氢含量的方法，并比较其优缺点。

实验40
单、双子叶植物根、茎、叶解剖结构观察

一、实验目的与要求

观察并掌握单、双子叶植物根、茎、叶的横切结构。

二、实验用品

（1）材料：鸢尾幼根、玉米幼根、向日葵幼根、毛茛幼根、棉花幼根、刺槐老根、椴树老茎、小麦茎、向日葵幼茎、小麦叶、女贞叶、夹竹桃叶横切切片、小麦、绿豆芽、蚕豆茎、夹竹桃叶等。

（2）器具：光学显微镜、擦镜纸、吸水纸、单面刀片、镊子、解剖针、培养皿。

（3）试剂：间苯三酚盐酸溶液、I-KI溶液、蒸馏水。

三、实验操作及观察

1. 根的初生结构

取棉花幼根（向日葵幼根）的横切片（见图40-1、图40-2），在显微镜下先区分表皮、皮层和中柱，观察各部分所占的比例，然后由外向内逐层观察。

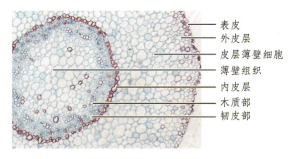

图 40-1   棉花幼根横切局部结构（10×10）

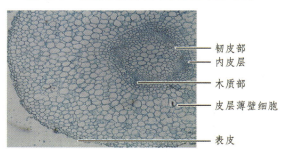

图 40-2   向日葵幼根横切局部结构（10×10）

（1）表皮：为根最外层的细胞，由一层排列紧密的细胞组成，体积较小，无细胞间隙，可以看到一部分表皮细胞向外突起形成根毛。表皮具有吸收水分、无机盐及保护内部结构的功能。

（2）皮层：位于表皮内侧，多数细胞内有染色的颗粒为淀粉粒，个别细胞整体染色较深，可能是分泌细胞。外皮层：细胞小、排列紧密无细胞间隙的薄壁细胞；皮层薄壁细胞：细胞大而疏松、有细胞间隙。皮层最里一层为内皮层：细胞小、排列紧密、无细胞间隙，此层细胞的侧壁及上下壁具有木栓化的带状增厚，称为凯氏带，比较幼嫩的根中观察不到凯氏带。

（3）中柱：位于根的中心部位，由以下几部分组成。

① 中柱鞘：紧靠内皮层内方，由 1～2 层细胞组成，细胞排列紧密。中柱鞘细胞可恢复分生能力，在有的切片中可看到个别细胞已分裂成内外二个，侧根即从此处发生。

② 初生木质部：在中柱鞘以内，呈放射状排列，主要由导管组成。蚕豆根的初生木质部有 4 个放射角，亦称 4 原型。近中柱鞘的导管，管腔较小，是最早分化成熟的部分，称为原生木质部；渐近中央部分的导管管腔较大，是后生木质部，所以木质部的产生是外始式。

③ 初生韧皮部：与初生木质部的放射角相间排列，居外的是原生韧皮部，后生韧皮部居内，韧皮部细胞形小，壁薄，排列紧密。其中呈多角形的是筛管或薄壁细胞；呈方形或三角形的小细胞是伴胞。在蚕豆初生木质部中，有时还可以看到一束厚壁细胞，即韧皮纤维。

④ 薄壁细胞：在木质部和韧皮部的交界凹陷处，可以看到 2～3 层扁平的小的薄壁细胞，这些细胞将转化成维管形成层，并由其分裂的细胞分化形成根的次生结构。

取绿豆芽，在根尖成熟区作徒手切片，挑选合适的薄片，经间苯三酚染色后，在显微镜下仔细观察根的初生结构。

观察鸢尾根（玉米根）的横切片（见图 40-3、图 40-4），比较与棉花或向日葵幼根的异同点，并注意以下几点：

a. 鸢尾根的内皮层是否有凯氏点？细胞壁的增厚有何特点？

b. 中柱鞘有几层细胞？细胞壁是否增厚？初生木质部有几个角？

c. 初生韧皮部位于何处？

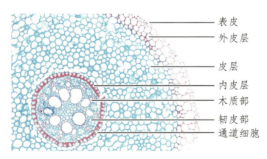

图 40-3　鸢尾根横切局部结构（10×20）　　图 40-4　玉米根横切结构（10×10）

2. 根的次生结构

观察刺槐老根的横切片（见图 40-5）。先在低倍镜下观察各部分所在的位置及所占的比例。

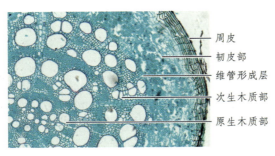

图 40-5　刺槐老根横切结构（10×10）

（1）周皮：位于横切面的最外方，包括三层组织。最外面几层细胞排列紧密、壁厚、已成栓质化的死细胞，此为木栓层；其内有几层扁长形的薄壁细胞，核明显，细胞质也较浓，这是木栓形成层；在木栓形成层的内层，有 2～3 层大型薄壁细胞，是栓内层。

（2）中柱：

① 中柱鞘：是否还能看到？它已转化为什么组织？

② 初生韧皮部：位于栓内层以内，大部分被挤压而呈破损状态。

③ 次生韧皮部：位于初生韧皮部的内侧，其组成成分有筛管、伴胞、韧皮纤维等。筛管细胞口径较大，呈多角形；伴胞较小，常于筛管的侧壁呈三角形（或半月形）；韧皮薄壁细胞体积大，细胞质内含淀粉，被染成蓝紫色；韧皮纤维壁厚，明显可见。

④ 维管形成层：由几层长方形的薄壁细胞组成，排列较整齐，呈一圆环，包围在木质部之外。形成层向内衍生的细胞分化成次生木质部，向外衍生的细胞分化成次生韧皮部。

⑤ 次生木质部：位于形成层之内。在次生根的横切面中占较大比例。由导管、管胞、木薄壁细胞和木纤维组成。导管和管胞在横切面上呈圆形或近圆形，增厚的木质化次生壁被染成红色；木纤维口径小，壁较前者更厚；木薄壁细胞多分布于导管的周围，壁薄。

⑥ 初生木质部：位于次生木质部的内方，范围小，其内导管较小。

⑦ 维管射线：是由沿径向伸长的一或数行并列平行的薄壁细胞组成，贯穿于整个木质部和韧皮部。

3. 双子叶植物茎的初生结构：

取向日葵幼茎从外向内在显微镜下依次进行观察。双子叶植物的茎初生构造是由表皮、皮层和维管柱三部分组成（见图 40-6）。

（1）表皮：位于茎的最外层，是幼茎的保护组织，常由单层细胞组成。表皮细胞长方体形，长轴与茎的纵轴平行，在横切面上呈矩形，排列紧密，外向壁略有增厚，外有角质层，角质层具有不透气，不透水的特性，能更好地起到保护作用，表皮外还常有蜡被或表皮毛，少量气孔器等。

（2）皮层：位于表皮内侧，不如根的皮层发达，仅占茎中较小部分，都由基本分生组织发育而来，由多层生活细胞组成。在紧靠表皮的部位常具有厚角组织，它们在皮层外部连续排列成一环，尤其在茎的棱角部分更为发达，它们的主要功能是支持作用。紧贴厚角组织是薄壁细胞，细胞壁薄而大，排列疏松，具细胞间隙。靠近表皮部分的细胞中常含有叶绿体，所以嫩茎多呈绿色，能进行光合作用。有的植物在皮层中还有纤维、石细胞或分泌组织。在蚕豆茎中皮层为一层薄壁细胞，细胞内含有大量的淀粉粒，用 I-KI 溶液染色呈蓝色，此层细胞称淀粉鞘。

（3）茎的维管柱一般与皮层没有明显的分界。

① 初生维管束：包括初生木质部和初生韧皮部，以及在木质部与韧皮部之间的形成层。一些植物的初生维管束始终呈束状，各束分立，排列成一轮，轮廓非常明显，如向日葵等。而在棉花和多数木本植物幼茎的横切面上，初生维管束在发育过程中连成圆筒，只有在最初形成的部分可以看到束状的轮廓。

② 髓：在茎的中央部分，由大型薄壁细胞组成，观察细胞内有无特殊的内含物。随着茎的增粗，髓部细胞往往破裂形成中空的髓腔。

③ 髓射线：维管束之间的薄壁细胞呈放射状排列，内连髓部，外通皮层。在维管束成束分立植物种类如向日葵，髓射线更为明显。髓射线一方面有横向运输作用，另一方面与髓部同为茎的贮藏组织。

当茎发育到一定阶段，与束中形成层相对的髓射线的一些薄壁细胞恢复分裂能力，形成束间形成层，二者连成一圈，由它们分裂的细胞，发育形成茎的次生结构。

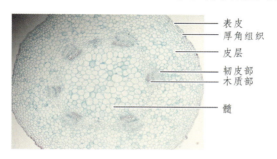

图 40-6　向日葵幼茎横切结构（10×10）

4. 双子叶植物茎的次生构造：

双子叶植物茎的次生结构包括周皮和次生维管束。取椴树二年生茎的横切面永久封片，在显微镜下由外向内逐层观察（见图 40-7）。

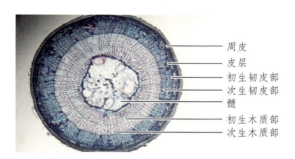

图 40-7　椴树二年茎横切结构（10×4）

（1）周皮：在茎的最外层，由木栓层、木栓形成层和栓内层组成（有时在周皮外尚有残留的表皮）。仔细观察各层细胞的特点及皮孔的结构，进一步了解木栓形成层是如何产生的？周皮的结构与机能有何关系？

（2）皮层：次生结构形成的初期，在栓内层以内，尚有皮层的薄壁细胞，个别细胞内有晶簇，但老茎已无皮层，周皮直接与维管柱相接。

（3）维管柱：包括维管束、束间薄壁组织和髓。维管柱是木本植物茎的主要组成部分。形成层进行分裂，向外形成次生韧皮部，向内形成次生木质部，这种次生组织不断地增多，将初生木质部和初生韧皮部分别逐渐推向内、外侧的更远方。

由于形成层向外分裂的细胞比向内分裂的细胞少，所以韧皮部所占比例小。初生韧皮部被挤到紧靠皮层甚至已被挤毁，初生韧皮部内是排列整齐的次生韧皮部。次生韧皮部中的韧皮纤维与筛管、伴胞、韧皮薄壁细胞等常交替排列，使整个组织如梯田状。在次生韧皮部中还有韧皮射线。

木质部的最内层，突入髓部分的是初生木质部，其余部分全是次生木质部，在 3～4 年生的茎上可清晰地看到木质部呈同心环状的年轮，春夏季形成层活动旺盛，产生的木质部，细胞大而壁较薄。木材质地疏松，颜色较浅；秋冬季形成层活动减弱，产生的细胞相对较小壁厚，颜色较深，两者呈同心圆环交替出现，就形成了年轮。在次生木质部中还有木射线，观察木射线是否与韧皮射线相连？它们与髓射线如何区别？

茎的最中心是髓部，大部分为薄壁细胞。髓的最外面细胞较小，称为环髓带。髓射线是由径向排列的薄壁细胞组成，从髓通向皮层，在形成层外侧呈喇叭形扩展。

仔细观察次生木质和次生韧皮部之间的几层扁平小细胞，这些细胞壁薄，即形成层。

5. 单子叶植物茎的横切结构

取小麦茎横切面的永久封片，先在低倍镜下观察全貌，其最大特点是维管束散生于基本组织中，没有皮层、髓和髓射线的区分，由外向内逐层观察（见图 40-8）。

（1）表皮：最外一层细胞，排列紧密，细胞小。注意观察有无角质层和气孔。

（2）机械组织：紧靠表皮的几层细胞体积小，壁厚，是机械组织，又称下皮。小麦茎的下皮发育程度与抗倒伏有密切关系。

（3）基本组织：包括机械组织以内的所有薄壁组织。也有教材中的基本组织包括机械组织和薄壁组织。注意外部几层薄壁细胞内有无叶绿体。

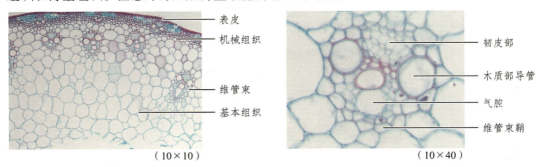

（10×10）　　　　　　　　　　（10×40）

图 40-8　小麦茎横切结构

（4）维管束：多数维管束呈椭圆形，分散在基本组织中。靠外侧的维管束形小，排列紧密。靠中部的维管束大，数目较少。选一个清晰的维管束仔细观察。首先看到维管束被一些染成红色的厚壁细胞包围，这些厚壁细胞组成了维管束鞘，在维管束中，初生木质部位于内方，常呈 V 字形，由 2 个大的导管及几个小口径导管还有少量薄壁细胞和纤维组成，在小导管下面常有一个大的空腔，这是由于分化较早的导管在茎伸长时遭破坏所致。在 V 字形木质部的内侧为韧皮部，仔细观察其结构，再看木质部和韧皮部之间有没有形成层？这种维管束是何种类型？

6. 观察双子叶植物叶的横切结构

（1）女贞叶横切结构：叶片主要结构包括表皮、叶肉和叶脉（见图 40-9）。

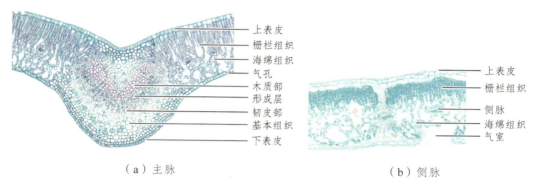

（a）主脉　　　　　　　　　　　　（b）侧脉

图 40-9　女贞叶横切结构（10×10）

① 表皮：在横切面中呈一层排列紧密的矩形细胞，气孔分布在下表皮较多，上表皮较少，上表皮细胞的外侧有较明显的角质层，以减少水分的蒸腾。

② 叶肉：细胞中含有大量的叶绿体，是叶片进行光合作用的主要部分。棉叶的叶肉有栅栏组织和海绵组织之分，为异面叶。栅栏组织是近上表皮的一层长柱形的薄壁细胞，其长轴与上表皮垂直。栅栏组织细胞内叶绿体的分布常决定于外界条件，特别是光照程度，在强光下叶绿体移动而贴近细胞的侧壁，减少受光面积，避免过度发热；在弱光下，它们分散在细胞质内充分利用散射的光能。海绵组织位于栅栏组织与下表皮之间，其细胞形状常不规则，细胞间隙很大，在气孔内方形成较大气室，这样可保证叶肉的气体交换。

③ 叶脉：叶脉的内部结构随叶脉大小而不同。叶中脉或大的侧脉有一个维管束，其中木质部位于上方，韧皮部位于下方。二者之间有微弱的形成层，维管束外有一层厚壁细胞形成的维管束鞘。叶脉越细结构越简单，小的叶脉没有厚壁组织和形成层，木质部、韧皮部也简单化了。

（2）取夹竹桃叶，作徒手切片，制成水封片后观察（见图 40-10）。

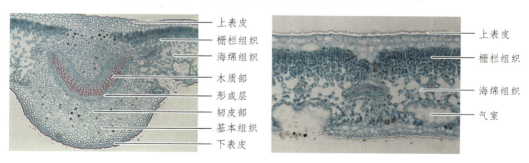

图 40-10　夹竹桃叶横切结构（10×10）

徒手切片时，先沿叶的长轴切成 1 cm 宽的长条，置于载玻片上，右手将两把刀片并拢，在叶片上轻轻地切，切出的非常细的细条即叶的横切面（此细条常留在两把刀片之间的刀刃上），在此细条上加一滴间苯三酚溶液，然后吸去多余的染液，加水即成水封片。在显微镜下对照女贞叶的横切片，仔细观察下列各个部分：

① 表皮有几层？气孔分布在上表皮还是下表皮？气孔是上凸的、下凹的还是与表皮细胞处在同一平面？角质层厚薄如何？

② 是等面叶还是异面叶？

③ 维管组织是否发达？机械组织是否发达？

④ 叶中有无通气组织？

通过上述观察，判断女贞和夹竹桃各属什么生态类型。

7. 观察小麦叶横切面的永久封片

小麦是单子叶植物，具有平行叶脉，在横切片上可见叶片的中部有几个大的气腔（见图 40-11）。叶片结构同样包括表皮、叶肉和叶脉三部分。

（1）表皮：小麦叶的上表皮和下表皮细胞排列紧密，外面有角质层，表皮上有气孔，保卫细胞小，副卫细胞略大。先观察上表皮，其细胞大小不一，每隔一定距离，在维管束之间，有一些大型细胞，排列成扇形，其外壁薄，无角质层，称"运动细胞"，又叫泡状细胞，当天气炎热干旱时，泡状细胞失水，使小麦叶片向上卷曲，以减少水分过多损失。然后再观察下表皮，分析其组成细胞的结构特点。

（2）叶肉组织：小麦叶是等面叶，叶肉组织不分栅栏组织和海绵组织。细胞间隙小，叶肉细胞都为同形皱褶的薄壁细胞，含叶绿体很多。

（3）叶脉：在横切片上，叶脉均被横切，较大的叶脉和较小的叶脉交替排列。构成叶脉的维管束由木质部、韧皮部和维管束鞘组成。木质部在近上表皮一侧，韧皮部在其下方。维管束鞘多数由两层细胞构成，少数为一层。每个维管束上下两侧的表皮内方有成束的厚壁组织，中脉处最明显。

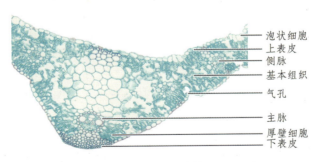

图 40-11　小麦叶横切结构（10×10）

四、思考与绘图

（1）绘出女贞叶的横切结构图。

（2）绘出小麦茎或叶片的横切结构图。

（3）一张未贴标签的幼年植物茎的横切制片，如何在显微镜下判定它是双子叶植物还是单子叶植物？

（4）双子叶植物幼根与幼茎横切结构的区别是什么？

实验 41
激素对植物愈伤组织诱导和分化的作用

一、实验目的与要求

了解不同比例的生长素和激动素对植物愈伤组织形成和分化的影响，并掌握植物组织培养的技术。

二、实验原理

植物的全能性，植物体的任何一个细胞都具有生长分化成为一个植株的能力，称为植物的全能性。

植物组织培养是利用植物的全能性进行离体无菌植物培养的一门技术。植物组织培养按其原始意义，就是指愈伤组织培养。但发展至今，其范围日益扩大，包括植物和它的离体器官、组织、细胞和原生质体的离体无菌培养。因此，有几种不同水平的培养技术，即整体的、器官的、组织的、细胞的和原生质的培养技术。它们是：

（1）植株培养。指以具备完整植株形态的材料（如幼苗和较大的植株）为外植体的无菌培养。

（2）胚胎培养。指以从胚珠中分离出来的成熟或未成熟胚为外植体的离体无菌培养。如：小麦和玉米的幼胚。

（3）器官培养。指以植物的根，茎，叶，花，果等器官为外植体的离体无菌培养，如根的根尖和切段。茎的茎尖，茎节和切段。叶的叶原基。叶片，叶柄，叶鞘和子叶，花萼和花瓣，雄蕊（花药，花丝），胚珠，子房，果实等的离体无菌培养。

（4）组织培养。指以分离出植物各部位的组织（如分生组织，形成层，木质部，韧皮部，表皮，皮层，胚乳组织，薄壁组织，髓部等），或已诱导的愈伤组织为外植体的离体无菌培养。这是狭义的组织培养。

（5）细胞培养。指以单个的游离细胞（如用果胶酶从组织中分离的体细胞，或花粉细胞，卵细胞）为接种体的离体无菌培养。

（6）原生质体培养。指以除去细胞壁的原生质体为外植体的离体无菌培养。

在植物的组织培养中，激动素和生长素对愈伤组织的形成和分化必不可少，在一定浓度范围内，生长素/激动素的比例高时产生根；生长素/激动素的比例低时产生芽，两者的比例适中时，愈伤组织的分化占优势。

三、实验用品

（1）材料：植物幼叶、茎尖或小麦幼胚等

（2）器具：超净工作台、电子天平、光照培养箱、高压灭菌锅、双筒解剖显微镜、酸度计、移液枪、25 cm 长柄镊子、手术刀、剪刀、解剖针、酒精灯、烧杯、三角瓶（150 mL/250 mL）、培养皿（7 cm/9 cm）、50 mL 容量瓶、封口膜、滤头、注射器、广口瓶、脱脂棉、枪头盒、枪头等。

（3）试剂：次氯酸钠，无水乙醇，配制 MS 母液培养基的试剂（NH_4NO_3、$MgSO_4$、$CaCl_2·2H_2O$、KNO_3、KH_2PO_4、Na_2-EDTA、$FeSO_4·7H_2O$、$MnSO_4·H_2O$、H_3BO_3、$NaMoO_4·2H_2O$、$ZnSO_4·7H_2O$、KI、$CoCl_2·6H_2O$、$CuSO_4·5H_2O$、烟酸、盐酸吡哆醇、盐酸硫胺素、甘氨酸、肌醇、蔗糖、琼脂、生长素、激动素、无菌水等）。

四、实验步骤

1. 培养基的配制

按附录 C 的药品用量和方法配制 MS 培养基，并加入适当浓度的激素。

2. 材料的灭菌与接种（要求在超净工作台上进行）

（1）取要进行组织培养的植物材料，浸入 75% 的乙醇溶液中表面消毒 30 s，再浸入 1% 次氯酸钠中消毒 10 min，用无菌水中冲洗 3～4 次，在灭菌的滤纸上吸干水分，放入灭菌的培养皿中。

（2）若用茎尖进行培养，将处理材料放在双目解剖镜下，用解剖针剥去幼叶露出生长锥，将带着两至三个叶原基的生长锥转移到培养基上培养；若用小麦幼胚进行培养，则直接将幼胚取出放到培养基上；若用幼叶进行培养，需将幼叶切成合适的小块放在培养基上培养。

（3）将选取的植物材料转移到加有不同浓度激素的 MS 培养基上诱导愈伤组织形成，用封口膜将培养皿封好，放入光照培养箱中培养。

（4）在光照暗养箱中，25 ℃黑暗条件下培养两周形成愈伤组织，继代于分化培养基上培养。

五、结果观察与分析

观察和记录不同浓度生长素和细胞分裂素配比对愈伤组织分化和幼苗生长的影响，并进行统计分析。

六、注意事项

（1）在进行无菌操作前，操作者的双手、使用工具和洁净工作台要消毒，双手和洁净工作台可用 75% 的乙醇擦拭，使用工具先在 75% 乙醇中浸泡，然后在酒精灯上烘烤，等放凉后再使用。

（2）植物材料的消毒要彻底，严防材料带菌，分装培养基时不能把培养基粘附到瓶口上，以免引起污染。

（3）熟练掌握高压灭菌的方法，防止来自培养容器的污染。

（4）注意保持无菌的培养环境。

实验 42
重金属对植物幼苗生长的影响

一、实验目的与要求

（1）了解植物在逆境条件下内部的生理生化变化。

（2）掌握生理指标的测定方法和操作技能。

（3）对基础知识的理解有更深入的理性认识。

（4）锻炼综合实验能力，为以后的科学研究奠定牢固的基础。

二、材料与方法

1. 材料

河南种植的小麦或玉米品种。

2. 处理方法

（1）将小麦或玉米种子进行消毒（75%乙醇 30 s，1%次氯酸钠 10 min，无菌水 3～4 遍）。

（2）室温下浸种 12 h，将吸胀的种子放入铺有纱布的白磁盘中催芽 48 h。

（3）幼芽腹面向下放入铺有滤纸的培养皿中，每皿幼芽数相同，每天定时加入等量的培养液（其中 Zn^{2+} 的浓度分别为 0、50、100 mg·L^{-1}，也可以采用其他金属离子溶液），每处理设置三个重复，培养三天。

（4）取材料测定生理指标。

3. 生理指标测定（可选定几项指标测定）

（1）SOD 活性的测定；

（2）POD 活性的测定；

（3）CAT 活性的测定；

（4）TTC 法测定根系活力；

（5）MDA 含量的测定。

（仪器、试剂和实验步骤见实验 32、31、30、22、33）

三、实验结果分析

对实验结果进行统计分析，筛选出对 Zn^{2+} 或其他金属离子胁迫抗性较强的品种或适于植物生长的金属离子浓度。

实验 43
延迟性冷害对植物幼苗生长的影响

一、实验目的与要求

（1）了解植物在逆境条件下内部的生理生化变化。
（2）掌握生理指标的测定方法和操作技能。
（3）锻炼和培养学生的动手能力和团队协作能力。
（4）初步掌握对数据进行统计分析的方法。

二、材料与方法

1. 材料

河南的小麦或玉米品种。

2. 处理方法

（1）将小麦或玉米种子进行消毒（75%乙醇 30 s，1%次氯酸钠 10 min，无菌水 3～4 遍）。
（2）室温下浸种 12 h，将吸胀的种子放入铺有纱布的白磁盘中催芽 48 h。
（3）幼芽腹面向下放入铺有滤纸的培养皿中，每皿幼芽数相同，定时加入完全培养液，并进行低温处理（0 ℃，5 ℃，15 ℃，72 h），每处理设置三个重复，培养三天后测定生理指标。
（4）取材料测定生理指标。

3. 生理指标测定（可选定几项指标测定）

（1）根尖细胞超氧阴离子含量的测定；
（2）根尖细胞过氧化氢含量的测定；
（3）POD 活性的测定；
（4）电导法测定植物组织抗逆性；
（5）叶绿素含量测定；
（6）脯氨酸含量的测定。
（仪器、试剂和实验步骤见实验 38、39、31、28、23 和 34）

三、实验结果分析

通过实验结果的统计分析，比较各品种的抗寒性，筛选出抗寒性较强的小麦品种。

实验 44
动物细胞培养与细胞骨架观察

一、实验目的

（1）了解动物细胞培养的条件。
（2）熟悉动物细胞培养的关键操作过程，包括复苏、培养、传代和冻存。
（3）掌握动物细胞骨架的荧光染色方法。
（4）熟悉荧光显微镜的使用。

二、实验原理

细胞是组成人和动物的基本生命单位。通过模拟体内条件（温度、pH、渗透压和营养需求等），可以在体外环境中，使细胞生存和生长。从而高效、精准地研究细胞形态、结构、功能和相关分子调控机制，因此在细胞生物学、分子生物学、生物化学和药理学等领域有着广泛的应用。

体外培养的细胞大多以贴壁的形式生长，当细胞长满培养皿之后，可通过传代方式进行扩增。传代的关键是将细胞消化，可利用低浓度的胰蛋白酶使细胞与培养皿结合的蛋白降解，从而使细胞与培养皿解离，即可制备细胞悬液，进而将细胞铺入新的培养皿进行培养。

体外培养的细胞，如果长时间不使用，可进行冻存操作，使细胞停止生长，以长期保存。冻存过程可利用 DMSO 等试剂，使细胞脱水，从而避免冰晶伤害。一旦再次使用细胞，可通过复苏操作，重新使细胞生长。

细胞骨架是真核细胞维持形态的关键结构，肌动蛋白是其主要成分之一，肌动蛋白亚单位构成的丝状聚合物成为 F-肌动蛋白（F-actin）。因此，F-actin 可反映细胞骨架状态。荧光染料标记鬼笔环肽可选择性与 F-actin 结合，因此常用于 F-actin 的显微观察。

三、实验用品

（1）材料：小鼠血管平滑肌细胞（永生化）。
（2）器具：生物安全柜、二氧化碳细胞培养箱、离心机、光学倒置显微镜、荧光倒置显微镜、液氮罐、冰箱、高压指示灭菌条、高压蒸汽灭菌器、水浴锅、微量移液器、枪头、15 mL 离心管、细胞培养皿（直径 10 cm）、细胞培养 6 孔板、爬片、载玻片、细胞冻存管、封口膜。
（3）试剂：DMEM 基础培养基、胎牛血清、青/链霉素、0.25%胰酶（含 EDTA）、PBS、75%乙醇、DMSO、液氮、iFluor 647 标记鬼笔环肽（1000×in DMSO）、4%多聚甲醛、Triton

X-100、BSA、DAPI 染液、抗荧光淬灭封片液。

四、实验方法和步骤

1. 细胞培养前准备

（1）生物安全柜灭菌。实验前，打开生物安全柜紫外灯灭菌 30 min 以上。

（2）器具灭菌。将枪头、离心管和冻存管等耗材进行高温、高压灭菌处理，方法同"实验 11"。完成灭菌后，放入生物安全柜内备用（关闭生物安全柜紫外灯，升高生物安全柜前盖约 30 cm，打开空气循环开关，所有物品放入生物安全柜后，用少量 75%乙醇喷洒外部灭菌）。

（3）培养基配制。将胎牛血清放入 56 ℃水浴锅灭活 30 min（去除补体）。在 DMEM 基础培养基（若刚从冰箱中取出，需 37 ℃水浴 20 min）中加入灭活后的胎牛血清（最终浓度为 10%）和青/链霉素（最终浓度为 1%），配制完全培养基（配制过程在生物安全柜内进行）。

2. 细胞复苏与培养

（1）细胞复苏。在细胞培养皿中加入 9 mL 完全培养基；在 15 mL 离心管中加入 8 mL 完全培养基（在生物安全柜中操作，并放于其中备用）。将装在 2 mL 冻存管中的细胞从液氮罐取出，置于 37 ℃水浴中数分钟，待管中液体融化后，转入 15 mL 离心管中（在生物安全柜中操作），轻轻混匀，1 000 r/min 离心 3 min，去上清液，加入 1 mL 完全培养基重悬细胞，再加入细胞培养皿中（在生物安全柜中操作，此时光学显微镜下可观察到悬浮的细胞呈球状）。

（2）培养。将培养皿置于培养箱（37 ℃、5% CO_2）中培养，约 6 h 后观察，可见大部分细胞贴壁，呈梭形。

3. 细胞传代

（1）消化。当培养皿中的细胞密度达到 80%以上时，倒掉培养基，加入 2 mLPBS 清洗细胞（注意操作时沿皿壁缓缓加入），弃去 PBS，加入 2 mL 胰酶，轻轻摇晃培养皿，显微镜下观察到部分细胞开始由梭形变圆，吸走胰酶，随后用手磕打培养皿，辅助细胞机械性脱离，待细胞完全变亮变圆，加入 2 mL 完全培养基吸打混匀。该过程除了显微镜下观察外，其余步骤均在生物安全柜中进行。

（2）铺皿/板。分别吸取 800 μL 细胞悬液，加入另外两个装有 10 mL 完全培养基的培养皿，混匀后，继续放入培养箱培养（48 h 以上），可用于细胞冻存实验；另取 200 μL 细胞悬液，加入装有 2 mL 完全培养基和细胞爬片的 6 孔板，放入培养箱培养 24 h 以上，用于鬼笔环肽染色与细胞骨架观察。该过程亦在生物安全柜中完成。

4. 细胞冻存

（1）冻存液配制。配制 4 mL 含 10% DMSO 的完全培养基。

（2）冻存。取一个培养皿的细胞，先进行细胞消化，方法与前面相同，最后将 4 mL 冻存液（而不是 2 mL 完全培养基）加入细胞中，重悬后，吸取 2 mL 加入冻存管（可制备 2 管），以封口膜封口（以上过程在生物安全柜中操作）。注意管壁上用记号笔标记细胞种类和时间，放入–80 ℃冰箱中保存（如要长期保存，再放入液氮罐）。

5. 鬼笔环肽染色与细胞骨架观察

（1）固定与打孔。将 6 孔板中的培养基弃去，PBS 清洗细胞 2 次（每次 10 min）（在生物安全柜中进行），加入 4%多聚甲醛固定 20 min，PBS 清洗细胞 3 次；加入 0.1% Triton X-100 打孔 10 min，PBS 清洗细胞 3 次。

（2）染色。将 1 μL iFluor 647 标记鬼笔环肽（1000×in DMSO）加入 1 mL 含有 1% BSA 的 PBS 中，加入细胞，室温孵育 1 h，PBS 清洗，DAPI 染细胞核 10 min，PBS 清洗 2 次。

（3）镜检。取载玻片，加上 1 滴（约 50 μL）抗荧光淬灭封片液，取出爬片，倒扣于封片液之上，荧光显微镜观察，拍照（见图 44-1）。

图 44-1　大鼠血管平滑肌细胞 F-actin 染色（10×40）（范沛摄）

五、作业

1. 补体的生物学功能是什么？在细胞培养中存在何种潜在危害？
2. 细胞培养过程中主要污染物是什么？如何避免细胞污染？
3. 构成真核细胞骨架的分子类型有哪些？

实验 45
大鼠背根神经节细胞IV曲线的测定

一、实验目的

（1）能够描述电极拉制的原理、原代细胞制备的原理、膜片钳仪器的组成、记录模式。

（2）能够熟练利用电极拉制仪拉制电极，并根据需要进行抛光处理；能够完成大鼠背根神经节系原代细胞的制备，并且能够举一反三完成其他原代细胞的制备；能够独立完成大鼠背根神经节细胞电流的检测和IV曲线的绘制。

二、实验原理

1. 电极拉制

利用膜片钳测定电压和电流的微电极，是用拉制器由玻璃毛细管拉制而成。毛细管的材质一般有硼硅酸盐、苏打玻璃、石英玻璃和铝硅酸盐等类型。众所周知，玻璃材料在高温下可变软，同时在外力的作用下可将其拉细甚至拉断。因此，通过调节电极拉制仪加热圈的温度，和固定玻璃电极两端的拉力大小，就可以拉制成符合实验需求的，直径为 1～4 μm 的玻璃微电极。

2. 大鼠背根神经节细胞的分离

背根神经节从外周组织传递躯体和内脏的感觉信息到脊髓，中小直径的大鼠背根神经节神经元胞体和轴突主要传递疼痛和温度信息，而大直径的神经元主要传递机械性刺激的信息。

原代细胞（primary culture cell）是指从机体取出后立即培养的细胞。有人把培养的第 1 代细胞与传 10 代以内的细胞统称为原代细胞培养。细胞在多细胞生物有机体内不是独立存在的，而是同类细胞在胞外基质尤其是胶原蛋白的作用下形成一定形状和大小的组织或器官。因此，如果从多细胞生物有机体中提取原代细胞。首先，要将细胞组织准确的分离出来。其次，通过手术剪等工具将组织剪碎。最后，加入消化细胞外基质的酶如胶原酶等进一步消化，才能分离出原代细胞。

3. 细胞电流IV曲线的测定

膜片钳技术是用来测量离子通道跨膜电流技术，也可用来研究分子的非电中性跨膜转运。膜片钳技术以 GΩ 封接为基础，进一步实现了低噪声测量，达到当今电子测量的极限。膜片钳放大器主要有两种工作方式，它们是电压钳模式（voltage clamp）和电流钳模式（current clamp）。其电路原理如图 45-1 所示。

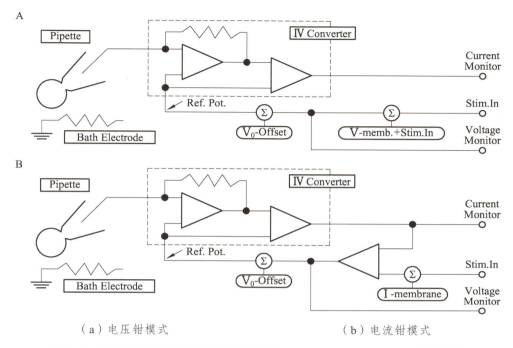

图 45-1 电流钳放大器的两种电路图（引自 HEKA Electronik EPC-9 说明书）

简单地说，向细胞内注射恒定或变化的电流刺激，记录由此引起的膜电位变化，这就是电流钳技术。实际上它模拟了细胞的真实自然的情况，如神经细胞冲动的传递过程中，神经递质的释放可能引起神经元膜电位的去极化或超极化。

电压钳技术是通过向细胞内输入一定的电流，抵消离子通道开放时所产生的离子流，从而将细胞膜电位固定在某一数值。由于注射电流的大小与离子流的大小相等、方向相反，因此它可以反映离子流的大小和方向。

图 45-2 给出了膜片钳实验记录中所用到的几种记录模式[25]。下面分别具体介绍膜片钳记录过程中的几种常用模式[26]：

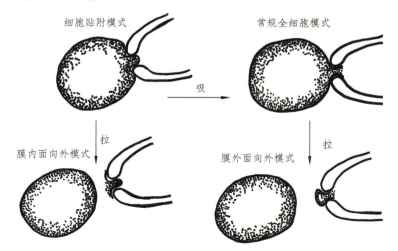

图 45-2 膜片钳记录的四种模式（景红娟绘）

细胞贴附模式（on-cell mode）：这是一种将膜片微电极吸附在细胞膜上对单离子通道电流进行记录的模式。其优点是在细胞内环境保持正常的条件下可以对离子通道活动进行观察记录。

膜内面向外模式（inside-out mode）：从细胞贴附模式将已形成 GΩ 封接的膜片微电极向上提起时，则膜片即从细胞体上被切割分离下来，得到分离的膜片，形成膜内面向外的模式。此种模式，可直接且自由地通过细胞浴液介导，来调控细胞内液的成分，并可在和细胞活动无关的形式下观察单一离子通道的活动。

常规全细胞模式（whole-cell mode）：在细胞贴附模式上将膜片打穿成孔，记录膜片以外部位的全细胞膜的离子电流，这是全细胞模式。

膜外面向外模式（outside-out mode）：从全细胞模式将膜片微电极向上提起可得到切割分离的膜片，由于它的细胞膜外侧面面对膜片微电极腔内液，膜外面自然封闭而对外，所以这个模式被称为膜外面向外模式。用这个模式，可以在自由改变细胞外液的情况下，记录单一离子通道的电流活动。

三、实验用品

（1）材料：玻璃电极、Wistar 大鼠。

（2）器具：膜片钳实验系统（EPC-10）、PP-83 型拉制仪（Narashige，Japan）、MF-83 型抛光仪（Narashige，Japan）、光学显微镜、体视显微镜、超净工作台、恒温摇床、细胞培养箱、镊子、眼科剪、载玻片、盖玻片、吸水纸、试管、滴管、脱脂棉。

（3）试剂：硅酮树脂（Dow Corning Corp. USA）、胶原酶（$2 \ g \cdot L^{-1}$）、DNA 酶（$4 \ g \cdot L^{-1}$）、胰蛋白酶（$0.5 \ g \cdot L^{-1}$）、DMEM 培养基、Poly-D-lysin。

细胞外液（$mmol \cdot L^{-1}$）：150 NaCl、5.4 KCl、1.8 $CaCl_2$、2 $MgCl_2$、和 10 H^+–HEPES，用 NaOH 来调节 pH 为 7.4。

全细胞记录正常电极内液（$mmol \cdot L^{-1}$）：130 K-glutamine、30 KCl、0.1 EGTA、10 H^+–HEPES、0.05 Na_2GTP 和 2 MgATP，用 KOH 来调节 pH 为 7.4。

四、实验操作与观察

（一）玻璃微电极的拉制

1. 选材

电极的选材和拉制质量直接影响封接电阻及记录时的噪声大小。膜片钳使用的微电极可根据不同记录模式选用不同的玻璃毛细管拉制。玻璃毛细管从材料方面，可分为软质玻璃和硬质玻璃两类。在全细胞模式记录时，用软质的苏打玻璃管即可；而在单一离子通道记录时，则应使用导电率低、噪声小的硬质硼硅酸盐玻璃或更硬质的铝硅酸盐玻璃。膜片钳用玻璃微电极的技术要求较高。一般硬质玻璃具有较小的损耗系数，高电导率和低介电常数，产生的噪声较小。由于膜片微电极不是刺入的，其尖端形状以不锐利者为宜。所以，应尽可能地使尖颈部短粗些，这样也可减小串联电阻 R_s。通常通过二次性拉制的电极比一次性拉制的电极容易形成 GΩ 封接。

2. 拉制

膜片钳实验用微电极与细胞外记录和细胞内记录所用微电极不同，其尖端较短，锥度较大，尖端直径为 1~5 μm，充灌林格氏液时阻抗约 1~5 MΩ，因此，一般采用两步拉制法。

（1）第一次加热粗拉，把玻璃毛坯中段拉细拉长，使其中间较细部分的直径为 200 μm 左右，得到电极的大致形状。

（2）第二次拉制时，重新调加热线圈的中心位置，减小加热电流。这一次拉制的加热温度决定了电极尖端的直径和形状，加热温度越低，电极尖端的开口就越大。

实验过程中一般用尖端直径为 1~2 μm，入水电阻约为 3~6 MΩ。因为膜片微电极最忌沾染灰尘和脏物，更忌触碰尖端附近部位。因此，膜片钳实验要求使用当天内拉制的电极。

3. 涂敷硅酮树脂（Sylgard coating）

进行单通道电流测量时，杂散电容（Stray Capacitances，C_s）是电极和细胞外液之间的最大的背景噪声来源。减小 C_s 噪声的方法是在微电极的尖端表面涂敷一层疏水性、不导电的物质。

将硅酮树脂涂敷到距离尖端几个毫米处，然后用热风喷枪或者热线圈处理以加速硅酮树脂的硬化过程（见图 45-3）。这样处理后，浸入浴液中的微电极的表面具有疏水性，通过外表面形成一层水膜可防止电容的增高，同时玻璃壁电容（C_g）与硅酮树脂层电容（C_c）实际上是并联的，从而使微电极整体电容量骤减。但是，全细胞记录时，由于记录的通道电流较大，这一步通常可以省略。

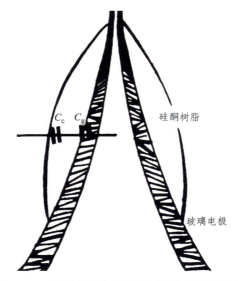

硅酮树脂

玻璃电极

图 45-3　玻璃电极涂敷硅酮树脂（郝晴语绘）

（注：C_c 为硅酮树脂层电容；C_g 为玻璃壁电容）

4. 热抛光（heat polish）

抛光处理就是因为拉制和涂敷之后的电极尖端不平整。抛光仪的金属丝一般采用铂金丝，为了防止加热的金属丝加热后蒸发到玻璃电极上，金属丝通常与玻璃电极的尖端不能离得太近。

（1）在低倍显微镜下找到电极尖端并对准金属丝的正中，然后换到高倍镜下进行抛光处理，见到电极尖端略微回缩变暗时停止加热。

（2）经过抛光处理后，玻璃微电极表面变得更加宽阔和光滑。而在涂敷硅酮树脂时黏附于电极尖端附近的硅酮树脂也会被抛光加热所去除，从而保证了封接的顺利进行。

5. 充灌微电极液（solution filling）

微电极液使用前必须经过微孔滤膜过滤，用来除去妨碍巨阻抗封接形成的灰尘。过滤时，选用一次性注射器吸取电极液 10 mL，再将滤膜（0.2 μm）装在一次性注射器头部过滤即可。

灌充方法多种多样，不同的情况可采用不同的方法。在微电极尖端较粗的情况下，可采用反向充灌（back-fill），用注射针或聚乙烯的细塑料管直接从电极尾部灌充即可。在尖端较细的情况下，首先将电极尖端浸于此液中，利用毛细管现象（或抽吸注射器加负压）只使尖端部分充满液体，然后再从其尾部充灌。如果有气泡，手持微电极使其尖端朝下，用指敲弹几下管壁即可除去。需要注意的是：电极液不要充灌太多，否则将微电极装在电极支架（electrode holder）上时液体可从电极溢出，会濡湿支架内部，可能成为各种故障的原因。

（二）大鼠背根神经节细胞的分离

1. 选材

Wistar 大鼠，1907 年美国费城 Wistar 研究所培育而成。

2. 处死

取 2～3 周龄的 Wistar 大鼠一只，雄性。大鼠处死的方式一般采用颈椎断裂而死，具体做法如下：用左手固定大鼠头部，右手拉扯大鼠尾巴往上用力抬起，使其颈椎断裂而死。

3. 大鼠背根神经节的分离

（1）取 4 个灭菌的直径为 35 mm 玻璃培养皿。在 2 个培养皿中，每个培养皿放置 7～8 片玻片，涂灭菌 Poly-D-lysin 于玻片上，静置 5 min 后用灭菌水清洗，自然风干。另外 2 个加入不含抗生素的 DMEM 培养基 2 mL，放在冰块儿上预冷备用。

（2）取出 1 ml 胶原酶（2 g·L⁻¹），5 μL DNA 酶（4 g·L⁻¹），1 mL 胰蛋白酶（0.5 g·L⁻¹），置于 15 mL 离心管，置于摇床中 37 ℃水浴预热；将 DMEM 置于 37 ℃培养箱中预热，备用。

（3）将处死的 Wistar 大鼠脊椎用手术剪刀与身体其他部分分离，将脊椎两侧 L4，L5 和 L6 神经节连同附着的神经一同取出，迅速浸入上述含有 DMEM 培养基玻璃培养皿中漂洗，图 45-4 就是分离得到的大鼠背根神经节。

（4）在解剖镜下用虹膜剪仔细剪净神经节附着的背根和腹根神经。然后将神经结转移至一个预冷的玻璃培养皿，其内加有不含抗生素的 DMEM 溶液。用眼科剪将神经节剪碎为均匀的小块，小块儿体积大小约为 1 mm³。

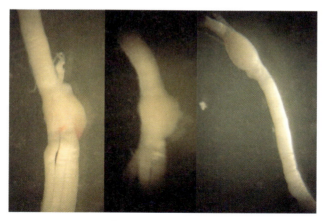

图 45-4　从 Wistar 大鼠中分离的背根神经节（景红娟摄）

（5）将剪碎后的组织移入含有 1 ml 胶原酶（2 g·L⁻¹），5 μL DNA 酶（4 g·L⁻¹），1 ml 胰蛋白酶（0.5 g·L⁻¹）的 15 mL 离心管中，放入 37 ℃摇床中（约 175 rpm）消化 30～35 min，中间用 1 mL 的移液枪稍用力吹打 3～4 次，在 25～30 min 时要将组织全部打散，并丢弃吹打不散的组织。

（6）在消化 30 min 后，每隔 5 min 用移液管吸取 1～2 滴消化液，滴加在载玻片上，在倒置显微镜下随时观察原代细胞的分离情况。消化终止时，在 15 mL 离心管加入 8 mL 预热的 DMEM 培养基，以稀释酶液终止消化。1 000 r/min 下离心 6 min。

（7）除去上清液，加入 400 μL DMEM，用 1 mL 移液枪轻轻吹匀，使细胞重新分散，滴于涂有 Poly-D-lysin 盖玻片。将 35 mm 培养皿加盖置于 37 ℃、V(空气) = 95%、V(CO₂) = 5% 培养箱中 15～20 min，待细胞贴壁。每个培养皿中加入 2 mL DMEM，放入培养箱中培养，次日换液待用。以后隔日换液。

注：在细胞分离培养的过程中，离心消化是非常关键的一步，温度、中间的吹打以及消化的时间都有非常严格的要求。另外，前期的各种器具的灭菌、溶液配制中的过滤和整个操作过程中的无菌操作是非常重要的。

（三）大鼠背根神经节细胞IV曲线的测定

1. 膜片钳系统

膜片钳系统包括左侧的防震台和右侧的仪器架。防震台外面有屏蔽罩，台面中间有倒置显微镜，左侧有灌流装置，右侧有微操纵器。仪器架上有放大器、电脑、显示器等。

屏蔽罩：是由铜丝等金属丝做成的网状结构，是一个一面开口的正方形，罩在防震台的上面。屏蔽罩可以屏蔽空气中各种无线和有线电波，减少对实验的干扰。

防震台：位于屏蔽罩的下面，在实验台和支架中间由一圈充气的轮胎构成。它可以缓解和减少地面振动对实验台造成的影响。

倒置显微镜：可以随时观察玻璃微电极与被检测细胞之间的距离，并且可以通过光路与显示器相连，以更好地观察玻璃微电极与细胞的对接情况。

微操纵器：是控制玻璃微电极移动的装置，可以前后、左右、上下、3 个方位立体移动，让玻璃微电极尽量迅速且稳定地靠近细胞。

灌流装置：可以迅速改变细胞外液的成分，检测药物等外部因素通过对细胞外膜作用，对细胞电流或电压变化的影响。

放大器：是膜片钳仪的核心部件。

电脑：电脑上装有控制膜片钳放大器的专用软件。软件可以进行试验刺激设定、实验过程跟踪和简单的实验结果处理。

显示器：当倒置显微镜的光路切换到显示器时，显示器可以观察到倒置显微镜目镜视野看到的图像，可以清晰精准地控制微电极与细胞的接触过程。

2. 阻封接形成

（1）在倒置显微镜下选取细胞形态正常，体积较大，生长良好的细胞作为实验对象。此时细胞放在盛有细胞外液的培养皿中，调整倒置显微镜的光路，将显微镜下观察到的图像切换到显示器上。

（2）将灌注有电极内液的微电极安装在微操纵器上，控制微操纵器，使微电极迅速接近被检测细胞。在微电极未入液之前常施以正压，防止浴液表面灰尘或溶液中粒子附着于电极尖端，影响高阻封接。电极入液后封接的成功率与入浴液后的时间成反比，电极内液中的肽类或蛋白质成分也会有碍于封接形成。

（3）电极尖端与细胞膜接触，稍加负压后电流波形变得平坦，此时，如使电极超极化，则有助于加速形成高阻封接。

（4）高阻封接形成与否是记录细胞离子通道电流能否成功的前提，是进行膜片钳实验的关键一步。微电极尖端与细胞膜形成封接的过程，可以在电脑上采用软件或刺激器发出 1mV 脉冲电压作用于微电极，造成膜两侧电位差发生变化，产生电极电流，再通过示波器或显示屏，观察电极电流幅度的变化来确定封接程度。在电极未入溶液之前，在显示器或示波器上可见一直线。

3. 全细胞记录

（1）形成 GΩ 封接后，1 mV 的电压脉冲变得有波动，此时进入细胞贴附式记录模式。此时，利用电脑软件上进行快电容补偿。

（2）通过微操纵器给微电极一个负压，使细胞膜破裂变成全细胞记录模式，1 mV 的电压脉冲变得起伏增大，通过点击软件上的慢电容补偿，尽量让其变成一条直线。

（3）利用电脑软件对细胞进行刺激，从 –70 mV 到 70 mV，每隔 10 mV 连续刺激，刺激时间为 120 s，测定在某个时间和电压情况下，离子通道电流的大小，观察其电压依赖性特征。以膜电位为横坐标，电流强度为纵坐标，则可绘制出电流-电压关系曲线（*I-V* 曲线）。在电流为零时的膜电位被称为反转电位。*I-V* 曲线和反转电位反映了某种通道的电压依赖性及药物等因素对通道电压依赖性的影响，常作为全细胞记录模式结果分析的指标之一。

从微电极与细胞接触，到形成全细胞记录模式，通过电脑软件上显示的 1 mV 的电压脉冲的变化来显示（见图 45-5）。

4. 数据统计

数据分析利用 SigmaPlot（SPSS Inc）软件，IGOR（Wavemetrics, Lake Oswego, OR）

和 Clampfit（Axon Instruments, Inc），绘制ⅣⅣ曲线。

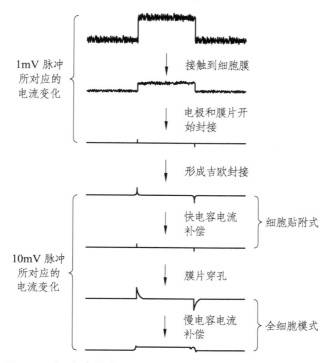

图 45-5　细胞贴附式和全细胞记录式形成过程（郝晴语绘）

五、作业

（1）能够描述电极拉制、原代细胞分离、膜片钳系统的组成和Ⅳ曲线测定的原理。

（2）能够熟练拉制玻璃微电极、分离大鼠背根神经节细胞并利用膜片钳记录Ⅳ曲线。

（3）选取一家公司，查阅市售的玻璃微电极的种类和型号，并能够独立设计实验分离其他原代细胞并进行Ⅳ曲线的测定。

附　录

附录 A　常用缓冲溶液的配制方法

A1　甘氨酸-盐酸缓冲液（0.05 mol·L^{-1}）

X mL 0.2 mol·L^{-1} 甘氨酸 + Y mL 0.2 mol·L^{-1} 盐酸，再加水稀释至 200 mL。

pH	X	Y	pH	X	Y
2.0	50	44.0	3.0	50	11.4
2.4	50	32.4	3.2	50	8.2
2.6	50	24.2	3.4	50	6.4
2.8	50	16.8	3.6	50	5.0

甘氨酸分子质量 75.07，0.2 mol·L^{-1} 甘氨酸溶液含 15.01 g·L^{-1}。

A2　邻苯二甲酸-盐酸缓冲液（0.05 mol·L^{-1}）

X mL 0.2 mol·L^{-1} 邻苯二甲酸氢钾 + Y mL 0.2 mol·L^{-1} 盐酸，再加水稀释到 20 mL。

pH（20 ℃）	X	Y	pH（20 ℃）	X	Y
2.2	5	4.070	3.2	5	1.470
2.4	5	3.960	3.4	5	0.990
2.6	5	3.295	3.6	5	0.597
2.8	5	2.642	3.8	5	0.263
3.0	5	2.022			

邻苯二甲酸氢钾分子质量 204.23，0.2 mol·L^{-1} 邻苯二甲酸氢钾溶液含 40.85 g·L^{-1}

A3　磷酸氢二钠-柠檬酸缓冲液

pH	0.2 mol·L^{-1} Na$_2$HPO$_4$/mL	0.1 mol·L^{-1} 柠檬酸/mL	pH	0.2 mol·L^{-1} Na$_2$HPO$_4$/mL	0.1 mol·L^{-1} 柠檬酸/mL
2.2	0.40	10.60	5.2	10.72	9.28
2.4	1.24	18.76	5.4	11.15	8.85
2.6	2.18	17.82	5.6	11.6	8.4
2.8	3.17	16.83	5.8	12.09	7.91
3.0	4.11	15.89	6.0	12.63	7.37
3.2	4.94	15.06	6.2	13.22	6.78
3.4	5.70	14.30	6.4	13.85	6.15
3.6	6.44	13.56	6.6	14.55	5.45
3.8	7.10	12.90	6.8	15.45	4.55

续表

pH	0.2 mol·L⁻¹ Na₂HPO₄/mL	0.1 mol·L⁻¹ 柠檬酸/mL	pH	0.2 mol·L⁻¹ Na₂HPO₄/mL	0.1 mol·L⁻¹ 柠檬酸/mL
4.0	7.71	12.29	7.0	16.47	3.53
4.2	8.28	11.72	7.2	17.39	2.61
4.4	8.82	11.18	7.4	18.17	1.83
4.6	9.35	10.65	7.6	18.73	1.27
4.8	9.86	10.14	7.8	19.15	0.85
5.0	10.30	9.70	8.0	19.45	0.55

　　Na_2HPO_4 分子质量 141.98，0.2 mol·L⁻¹ 溶液为 28.40 g·L⁻¹。$Na_2HPO_4·H_2O$ 分子质量 178.05，0.2mol·L⁻¹ 溶液含 35.61 g·L⁻¹。$C_6H_8O_7·H_2O$ 分子质量 210.14，0.1 mol·L⁻¹ 溶液为 21.01 g·L⁻¹。

A4　柠檬酸-氢氧化钠-盐酸缓冲液

pH	Na 离子浓度/（mol·L⁻¹）	柠檬酸/g $C_6H_8O_7·H_2O$	氢氧化钠/g NaOH	盐酸/mL HCl	最终体积/L
2.2	0.20	210	84	160	10
3.1	0.20	210	83	116	10
3.3	0.20	210	83	106	10
4.3	0.20	210	83	45	10
5.3	0.35	245	144	68	10
5.8	0.45	285	186	105	10
6.5	0.38	266	156	126	10

　　注意：使用时可以每升中加入 1 克酚，若最后 pH 有变化，再用少量 50%（质量分数）氢氧化钠溶液或浓盐酸调节，冰箱保存。

A5　柠檬酸-柠檬酸钠缓冲液（0.1mol·L⁻¹）

pH	0.1mol·L⁻¹ 柠檬酸/mL	0.1mol·L⁻¹ 柠檬酸钠/mL	pH	0.1mol·L⁻¹ 柠檬酸/mL	0.1mol·L⁻¹ 柠檬酸铵/mL
3.0	18.6	1.4	5.0	8.2	11.8
3.2	17.2	2.8	5.0	7.3	12.7
3.4	16.0	4.0	5.4	6.4	13.6
3.6	14.9	5.1	5.6	5.5	14.5
3.8	14.0	6.0	5.8	4.7	15.3
4.0	13.1	639	6.0	3.8	16.2
4.2	12.3	7.7	6.2	2.8	17.2
4.4	11.4	8.6	6.4	2.0	18.0
4.6	10.3	9.7	6.6	1.4	18.6
4.8	9.2	10.8			

柠檬酸 $C_6H_8O_7·H_2O$ 分子质量 210.14，$0.1mol·L^{-1}$ 溶液为 21.01 $g·L^{-1}$。

柠檬酸钠 $Na_3C_6H_5O_7·2H_2O$ 分子质量 294.12，$0.1mol·L^{-1}$ 溶液为 29.41 $g·L^{-1}$。

A6   乙酸-乙酸钠缓冲液（$0.2\ mol·L^{-1}$）

pH （18 ℃）	$0.2mol·L^{-1}$ NaAc/mL	$0.2mol·L^{-1}$ Hac/mL	pH （18 ℃）	$0.2mol·L^{-1}$ NaAc/mL	$0.2mol·L^{-1}$ Hac/mL
2.6	0.75	9.25	4.8	5.90	4.10
3.8	1.20	8.80	5.0	7.00	3.00
4.0	1.80	8.20	5.2	7.90	2.10
4.2	2.65	7.35	5.4	8.60	1.40
4.4	3.70	6.30	5.6	9.10	0.90
4.6	4.90	5.10	5.8	9.40	0.60

$Na_2Ac·3H_2O$ 分子质量 136.08，$0.2\ mol·L^{-1}$ 溶液为 27.22 $g·L^{-1}$。

A7   磷酸盐缓冲液

（1）磷酸氢二钠-磷酸二氢钠缓冲液（$0.2mol·L^{-1}$）

pH	$0.2mol·L^{-1}$ Na_2HPO_4/mL	$0.2mol·L^{-1}$ NaH_2PO_4/mL	pH	$0.2mol·L^{-1}$ Na_2HPO_4/mL	$0.2mol·L^{-1}$ NaH_2PO_4/mL
5.8	8.0	92.0	7.0	61.0	39.0
5.9	10.0	99.0	7.1	67.0	33.0
6.0	12.3	87.7	7.2	72.0	28.0
6.1	15.0	85.0	7.3	77.0	23.0
6.2	18.5	81.5	7.4	81.0	19.0
6.3	22.5	77.5	7.5	84.0	16.0
6.4	26.5	73.5	7.6	87.0	13.0
6.5	31.5	68.5	7.7	89.5	10.5
6.6	37.5	62.5	7.8	91.5	8.5
6.7	43.5	56.5	7.9	93.0	7.0
6.8	49.5	51.0	8.0	94.7	5.3
6.9	55.0	45.0			

$Na_2HPO_4·12H_2O$ 分子质量 358.24，$0.2\ mol·L^{-1}$ 溶液为 71.64 $g·L^{-1}$。

$NaH_2PO_4·2H_2O$ 分子质量 156.01，$0.2\ mol·L^{-1}$ 溶液为 31.20 $g·L^{-1}$。

（2）磷酸氢二钠-磷酸二氢钾缓冲液（$1/15mol·L^{-1}$）

pH	$1/15mol·L^{-1}$ Na_2HPO_4/mL	$1/15mol·L^{-1}$ KH_2PO_4/mL	pH	$1/15mol·L^{-1}$ Na_2HPO_4/mL	$1/15mol·L^{-1}$ KH_2PO_4/mL
4.92	0.10	9.90	7.17	7.00	3.00
5.29	0.50	9.50	7.38	8.00	2.00
5.91	1.00	9.00	7.73	9.00	1.00

续表

pH	1/15mol·L⁻¹ Na₂HPO₄/mL	1/15mol·L⁻¹ KH₂PO₄/mL	pH	1/15mol·L⁻¹ Na₂HPO₄/mL	1/15mol·L⁻¹ KH₂PO₄/mL
6.24	2.00	8.00	8.04	9.50	0.50
6.47	3.00	7.00	8.34	9.75	0.25
6.64	4.00	6.00	8.67	9.90	0.10
6.81	5.00	5.00	8.18	10.00	0.00
6.98	6.00	4.00			

$Na_2HPO_4 \cdot 2H_2O$ 分子质量 177.99，1/15 mol·L⁻¹ 溶液为 11.87 g·L⁻¹。KH_2PO_4 分子质量 136.09，1/15 mol·L⁻¹ 溶液为 9.078 g·L⁻¹。

A8 硼砂-氢氧化钠缓冲液（0.05 mol·L⁻¹ 硼酸根）

X mL 0.05 mol·L⁻¹ 硼砂 + Y mL 0.2 mol·L⁻¹ NaOH 加水稀释至 200 mL

pH	X	Y	pH	X	Y
9.3	50	6.0	9.8	50	34.0
9.4	50	11.0	10.0	50	43.0
9.6	50	23.0	10.1	50	46.0

硼砂 $NAa_2B_4O_7 \cdot 10H_2O$，分子质量 381.37；0.05 mol·L⁻¹ 溶液为 19.07 g·L⁻¹。

A9 巴比妥钠-盐酸缓冲液（18 ℃）

pH	0.04mol·L⁻¹ 巴比妥钠溶液/mL	0.2mol·L⁻¹ 盐酸/mL	pH	0.04mol·L⁻¹ 巴比妥钠溶液/mL	0.2mol·L⁻¹ 盐酸/mL
6.8	100	18.4	8.4	100	5.21
7.0	100	17.8	8.6	100	3.82
7.2	100	16.7	8.8	100	2.52
7.4	100	15.3	9.0	100	1.65
7.6	100	13.4	9.2	100	1.13
7.8	100	11.47	9.4	100	0.70
8.0	100	9.39	9.6	100	0.35
8.2	100	7.21			

巴比妥钠盐分子质量 206.17，0.04 mol·L⁻¹ 溶液为 8.25 g·L⁻¹。

A10 Tris-盐酸缓冲液（0.05 mol·L⁻¹，25 ℃）

50 mL 0.1 mol·L⁻¹ 三羟甲基氨基甲烷（Tris）溶液与 X mL 0.1 mol·L⁻¹ 盐酸混匀后，加水稀释至 100 mL。

pH	X/mL	pH	X/mL
7.10	45.7	8.10	26.2
7.20	44.7	8.20	22.9

续表

pH	X/mL	pH	X/mL
7.30	43.4	8.30	19.9
7.40	42.0	8.40	17.2
7.50	40.3	8.50	14.7
7.60	38.5	8.60	12.4
7.70	36.6	8.70	10.3
7.80	34.5	8.80	8.5
7.90	32.0	8.90	7.0
8.00	29.2		

三羟甲基氨基甲烷（Tris）：分子质量 121.14；0.1 mol·L⁻¹ 溶液为 12.114 g·L⁻¹。

注意：Tris 溶液可从空气中吸收二氧化碳，使用时注意将瓶塞盖严。

A11　硼酸-硼砂缓冲液（0.2 mol·L⁻¹ 硼酸根）

pH	0.05 mol·L⁻¹ 硼砂/mL	0.2 mol·L⁻¹ 硼酸/mL	pH	0.05 mol·L⁻¹ 硼砂/mL	0.2 mol·L⁻¹ 硼酸/mL
7.4	1.0	9.0	8.2	3.5	6.5
7.6	1.5	8.5	8.4	4.5	5.5
7.8	2.0	8.0	8.7	6.0	4.0
8.0	3.0	7.0	9.0	8.0	2.0

硼砂（$Na_2B_4O_7H_2O$）分子质量 381.43；0.05 mol·L⁻¹ 溶液（0.2 mol·L⁻¹ 硼酸根）含 19.07 g·L⁻¹。

硼酸 H_3BO_3，分子质量 61.84，0.2 mol·L⁻¹ 溶液为 12.37 g·L⁻¹。

注意：硼砂易失去结晶水，必须在带塞的瓶中保存。

A12　甘氨酸-氢氧化钠缓冲液（0.05 mol·L⁻¹）

X mL 0.2 mol·L⁻¹ 甘氨酸 + Y mL 0.2 mol·L⁻¹ NaOH 加水稀释至 200 mL。

pH	X	Y	pH	X	Y
8.6	50	4.0	9.6	50	22.4
8.8	50	6.0	9.8	50	27.2
9.0	50	8.8	10.0	50	32.0
9.2	50	12.0	10.4	50	38.6
9.4	50	16.8	10.6	50	45.5

甘氨酸分子质量 75.07；0.2 mol·L⁻¹ 溶液含甘氨酸 15.01 g。

A13　磷酸二氢钾-氢氧化钠缓冲液（0.05 mol·L⁻¹）

X mL 0.2 mol·L⁻¹K₂PO₄ + Y mL0.2 mol·L⁻¹NaOH 加水稀释至 29 mL。

pH（20 ℃）	X/mL	Y/mL	pH（20 ℃）	X/mL	Y/mL
5.8	5	0.372	7.0	5	2.963
6.0	5	0.570	7.2	5	3.500
6.2	5	0.860	7.4	5	3.950
6.4	5	1.260	7.6	5	4.280
6.6	5	1.780	7.8	5	4.520
6.8	5	2.365	8.0	5	4.680

A14　碳酸钠-碳酸氢钠缓冲液（0.1 mol·L⁻¹），Ca²⁺、Mg²⁺存在时不可使用。

pH		0.1 mol·L⁻¹	0.1 mol·L⁻¹
20 ℃	37 ℃	Na₂CO₃	Na₂HCO₃
9.16	8.77	1	9
9.40	9.12	2	8
9.51	9.40	3	7
9.78	9.50	4	6
9.90	9.72	5	5
10.14	9.90	6	4
10.28	10.08	7	3
10.53	10.28	8	2
10.83	10.57	9	1

Na₂CO₃·10H₂O 分子质量 286.2，0.1 mol·L⁻¹ 溶液为 28.62 g·L⁻¹。

N₂HCO₃ 分子质量 84.0；0.1 mol·L⁻¹ 溶液为 8.40 g·L⁻¹。

附录 B　实验室中常用酸碱的比重和浓度

名称	分子式	分子质量	相对密度	浓度/%	mol·L^{-1}	配 1 L 1 mol·L^{-1} 溶液所需体积/mL
盐酸	HCl	36.47	1.19	37.2	12.0	84
硫酸	H$_2$SO$_4$	98.09	1.84	95.6	18	28
硝酸	HNO$_3$	63.02	1.42	70.98	16	63
冰乙酸	CH$_3$COOH	60.05	1.05	99.5	17.4	57
乙酸	CH$_3$COOH			36	6	160
磷酸	H$_2$PO$_4$	98	1.71	85	15	67（15 mol·L^{-1}）
氨水	NH$_4$OH	35.05	0.9	28	15	67
氢氧化钠	NaOH	40	1.5	50	19	53

附录 C 植物组织培养常用培养基配方

C1 MS 培养基。（Murashige and Skoog，1962，广泛用于多种植物的组织培养，特点是无机盐离子浓度较高。）

成分	试剂用量	每升培养基取用量/mL
大量元素（10X）	（g/L）	100
KNO_3	16.5	
NH_4NO_3	19	
KH_2PO_4	1.7	
$MgSO_4 \cdot 7H_2O$	3.7	
$CaCl_2 \cdot 2H_2O$	4.4	
微量元素（100X）	（g/500 mL）	10
KI	0.0415	
H_3BO_3	0.31	
$ZnSO_4 \cdot 7H_2O$	1.115	
$Na_2MoO_4 \cdot 2H_2O$	0.0125	
$CuSO_4 \cdot 5H_2O / CoCl_2 \cdot 6H_2O$	（mg/500 mL）	50（加入微量元素母液中）
$CoCl_2 \cdot 6H_2O$	12.5	
$CuSO_4 \cdot 5H_2O$	2.5	
铁盐（100X）	（g/500 mL）	10
$Na_2 \cdot EDTA$	1.865	
$FeSO_4 \cdot 7H_2O$	1.39	
有机物母液	（g/500 mL）	10
甘氨酸	0.1	
盐酸硫胺素	0.005	
盐酸吡哆醇	0.025	
烟酸	0.025	
蔗糖	30 g	
琼脂	8 g	
肌醇	0.1 g	

按实际配制培养基的体积，取各母液的需要量加入一适当体积的烧杯或其他配制培养基的容器中，先加入实际配制培养基体积 2/3 左右的蒸馏水，然后按每升所用蔗糖的量称取相应质量的蔗糖（如：1L 培养基加 30 g 蔗糖，若只配 0.5 L 培养基，则称取 15 g 蔗糖）。放入培养基中使其溶化。用 1 M 的 NaOH 或 1 M 的 HCl 调整 pH 至 5.8～6.0，再按 0.8% 的比例加入琼脂，并搅拌加热使琼脂完全溶化，然后用蒸馏水定容至终体积，混合均匀后分装于三角瓶中，然后进行高压灭菌，其他培养基配制方法类似。

C2   改良 MS 培养基（用于石斛兰的生根）

成分	含量/ （mg·L⁻¹）	成分	含量/ （mg·L⁻¹）	成分	含量/ （mg·L⁻¹）
NH_4NO_3	1650	$MnSO_4·4H_2O$	22.3	肌醇	100
KNO_3	1900	$ZnCl_2$	3.93	盐酸硫胺素	0.4
KH_2PO_4	170	H_3BO_3	6.2	IAA	0.1
$CaCl_2·2H_2O$	440	KI	0.83		
$MgSO_4·7H_2O$	370	$Na_2MoO_4·2H_2O$	0.25	蔗糖	30 g·L⁻¹
$FeSO_4·7H_2O$	27.8	$CuSO_4·5H_2O$	0.025	琼脂	13 g·L⁻¹
EDTA-2Na	74.5	$CoCl_2·6H_2O$	0.025	pH	5.5

C3   N6 培养基（朱至清，1975，主要用于禾谷类花药、细胞、原生质体的培养，特别适用于单子叶植物花药培养，特点是 KNO_3 和（NH_4）$_2SO_4$ 含量较高）

成分	含量/ （mg·L⁻¹）	成分	含量/ （mg·L⁻¹）	成分	含量/ （mg·L⁻¹）
KNO_3	2830	$MnSO_4·4H_2O$	4.4	甘氨酸	2
（NH_4）$_2SO_4$	463	$ZnSO_4·7H_2O$	1.5	盐酸硫胺素	1
$KHPO_4$	400	H_3BO_3	1.6	盐酸吡哆醇	0.5
$CaCl_2·2H_2O$	166	KI	0.8	烟酸	0.5
$MgSO_4·7H_2O$	185	Na_2-EDTA	37.3	蔗糖	50 g·L⁻¹
$FeSO_4·7H_2O$	27.8			琼脂	8 g·L⁻¹
				pH	5.8

C4   B5 培养基（Gamborg，1968，适合培养双子叶植物，尤其是木本植物，特点是含有较低的铵。）

成分	含量/ （mg·L⁻¹）	成分	含量/ （mg·L⁻¹）	成分	含量/ （mg·L⁻¹）
KNO_3	2500	$MnSO_4·4H_2O$	10	盐酸硫胺素	10
（NH_4）$_2SO_4$	134	$ZnSO_4·7H_2O$	2	盐酸吡哆醇	1
$NaH_2PO_4·H_2O$	150	H_3BO_3	3	烟酸	1
$CaCl_2·2H_2O$	150	KI	0.75	肌醇	100
$MgSO_4·7H_2O$	250	$Na_2MoO_4·2H_2O$	0.25	蔗糖	20 g·L⁻¹
Na_2-EDTA	37.3	$CuSO_4·5H_2O$	0.025	琼脂	10 g·L⁻¹
$FeSO_4·7H_2O$	27.8	$CoCl_2·6H_2O$	0.025	pH	5.5

C5　LS 培养基（Linsmaier 和 Skoog，1965，特别适合于烟草在内的草本植物的组织培养。）

成分	含量/（mg·L⁻¹）	成分	含量/（mg·L⁻¹）	成分	含量/（mg·L⁻¹）
NH_4NO_3	1 650	$MnSO_4·4H_2O$	22.3	盐酸硫胺素	0.4
KNO_3	1900	$ZnSO_4·7H_2O$	8.6	肌醇	100
KH_2PO_4	170	H_3BO_3	6.2	蔗糖	30 g·L⁻¹
$CaCl_2·2H_2O$	440	KI	0.83	琼脂	8 g·L⁻¹
$MgSO_4·7H_2O$	370	$Na_2MoO_4·2H_2O$	0.25		
$FeSO_4·7H_2O$	27.8	$CuSO_4·5H_2O$	0.025		
Na_2-EDTA	37.3	$CoCl_2·6H_2O$	0.025	pH	5.8

C6　H 培养基（Bourgin 和 Nitsch，1967，用于烟草花药和一般植物组织培养。）

成分	含量/（mg·L⁻¹）	成分	含量/（mg·L⁻¹）	成分	含量/（mg·L⁻¹）
NH_4NO_3	720	$MnSO_4·4H_2O$	25	盐酸硫胺素	0.5
KNO_3	950	$ZnSO_4·7H_2O$	10	盐酸吡哆醇	0.5
KH_2PO_4	68	H_3BO_3	10	叶酸	0.5
$CaCl_2·2H_2O$	166	$Na_2MoO_4·2H_2O$	0.25	生物素	0.05
$MgSO_4·7H_2O$	185	$CuSO_4·5H_2O$	0.025	蔗糖	30 g·L⁻¹
$FeSO_4·7H_2O$	27.8	肌醇	100	琼脂	8 g·L⁻¹
Na_2-EDTA	37.3	甘氨酸	2	pH	5.5

C7　ER 培养基（Eriksson，1965）

成分	含量/（mg·L⁻¹）	成分	含量/（mg·L⁻¹）	成分	含量/（mg·L⁻¹）
NH_4NO_3	1 200	$MnSO_4·4H_2O$	2.23	盐酸硫胺素	0.5
KNO_3	1 900	H_3BO_3	0.63	烟酸	0.5
KH_2PO_4	340	$Na_2MoO_4·2H_2O$	0.025	盐酸吡哆醇	0.5
$CaCl_2·2H_2O$	440	$CuSO_4·5H_2O$	0.002 5	甘氨酸	2
$MgSO_4·7H_2O$	370	$CoCl_2·6H_2O$	0.002 5	蔗糖	40 g·L⁻¹
$FeSO_4·7H_2O$	27.8	ZnNa-EDTA	15	琼脂	7g·L⁻¹
Na_2-EDTA	37.3			pH	5.8

C8   GS 培养基（曹孜义，1986，用于葡萄试管苗培养。）

成分	含量/(mg·L⁻¹)	成分	含量/(mg·L⁻¹)	成分	含量/(mg·L⁻¹)
$(NH_4)_2SO_4$	67	$NaH_2PO_4·H_2O$	175	肌醇	25
KNO_3	1250	$MnSO_4·H_2O$	5	盐酸硫胺素	10
$CaCl_2·2H_2O$	150	$ZnSO_4·7H_2O$	1	盐酸吡哆醇	1
$MgSO_4·7H_2O$	125	H_3BO_3	1.5	盐酸吡哆醇	1
$FeSO_4·7H_2O$	13.9	KI	0.375	烟酸	1
$Na_2\text{-}EDTA$	18.65	$CuSO_4·5H_2O$	0.0125	蔗糖	15 g·L⁻¹
		$CoCl_2·6H_2O$	0.0125	琼脂	4~7g·L⁻¹
				pH	5.9

C9   SH 培养基（Schenk 和 Hildebrandt，1972，用于松树组织培养）

成分	含量/(mg·L⁻¹)	成分	含量/(mg·L⁻¹)	成分	含量/(mg·L⁻¹)
KNO_3	2 500	$CoCl_2·6H_2O$	0.1	烟酸	5
$MgSO_4·7H_2O$	400	$CuSO_4·5H_2O$	0.2	盐酸硫胺素	5
$NH_4H_2PO_4$	300	H_3BO_3	5	盐酸吡哆醇	5
$FeSO_4·7H_2O$	15	KI	1	肌醇	1g·L⁻¹
$Na_2\text{-}EDTA$	20	$Na_2MoO_4·2H_2O$	0.1	蔗糖	30g·L⁻¹
$CaCl_2·2H_2O$	200	$MnSO_4·H_2O$	10		
		$ZnSO_4·7H_2O$	1	pH	5.8

C10   改良 SH 培养基（王友生，2006，用于紫苜蓿愈伤组织诱导培养）

成分	含量/(mg·L⁻¹)	成分	含量/(mg·L⁻¹)	成分	含量/(mg·L⁻¹)
KNO_3	2 830	$ZnSO_4·7H_2O$	1	烟酸	5
$(NH_4)_2SO_4$	463	H_3BO_3	5	盐酸硫胺素	5
KH_2PO_4	400	KI	1	盐酸吡哆醇	0.5
$CaCl_2·2H_2O$	166	$Na_2MoO_4·2H_2O$	0.1	肌醇	100
$MgSO_4·7H_2O$	185	$CuSO_4·5H_2O$	0.2	蔗糖	50 g·L⁻¹
$EDTA\text{-}FeNa·3H_2O$	140	$CoCl_2$	0.1	琼脂	8g·L⁻¹
$MnSO_4·H_2O$	10	$Na_2\text{-}EDTA$	37.3	pH	5.8

C11　WS 培养基（Wolter 和 Skoog，1966）

成分	含量/ （mg·L⁻¹）	成分	含量/ （mg·L⁻¹）	成分	含量/ （mg·L⁻¹）
NH_4NO_3	50	$Na_2HPO_4·2H_2O$	35	肌醇	100
KNO_3	170	NH_4Cl	35	盐酸硫胺素	0.1
$Ca(NO_3)_2·4H_2O$	425	$MnSO_4·4H_2O$	7.5	盐酸吡哆醇	0.1
$FeSO_4·7H_2O$	27.8	$MnSO_4·7H_2O$	9	烟酸	0.5
Na_2-EDTA	37.3	$ZnSO_4·7H_2O$	3.2	蔗糖	20 g·L⁻¹
KCl	140	KI	1.6	琼脂	10g·L⁻¹
Na_2SO_4	425	草酸铁	28		

C12　White 培养基（1963）

成分	含量/ （mg·L⁻¹）	成分	含量/ （mg·L⁻¹）	成分	含量/ （mg·L⁻¹）
KNO_3	80	$MnSO4·4H_2O$	5	盐酸硫胺素	0.1
$Ca(NO_3)·4H_2O$	200	$ZnSO_4·7H_2O$	3	盐酸吡哆醇	0.1
$MgSO_4·7H_2O$	720	H_3BO_3	1.5	烟酸	0.3
$NaH_2PO4·H_2O$	17	KI	0.75	蔗糖	20 g·L⁻¹
Na_2SO_4	200	MoO_3	0.001	琼脂	10 g·L⁻¹
$Fe_2(SO_4)_3$	2.5	甘氨酸	3	pH	5.6

C13　Knop 培养基（1865）

成分	含量/ （mg·L⁻¹）	成分	含量/ （mg·L⁻¹）	成分	含量/ （mg·L⁻¹）
KNO_3	125	$Ca(NO_3)_2·4H_2O$	500	KH_2PO_4	125
$MgSO_4·7H_2O$	125				

C14　Miller 培养基（1963-1967）

成分	含量/ （mg·L⁻¹）	成分	含量/ （mg·L⁻¹）	成分	含量/ （mg·L⁻¹）
NH_4NO_3	1 000	$ZnSO_4·7H_2O$	1.5	盐酸硫胺素	0.1
KNO_3	1 000	H_3BO_3	1.6	盐酸吡哆醇	0.1
KH_2PO_4	300	KI	0.8	烟酸	0.5
$Ca(NO_3)_2·4H_2O$	347	$NiCl_2·6H_2O$	0.35	蔗糖	30 g·L⁻¹
$MgSO_4·7H_2O$	35	KCl	65	琼脂	10 g·L⁻¹
EDTA-FeNa·$3H_2O$	32	$MnSO_4·4H_2O$	4.4	pH	6

C15　HL 培养基（1982）

成分	含量/ (mg·L^{-1})	成分	含量/ (mg·L^{-1})	成分	含量/ (mg·L^{-1})
NH_4NO_3	400	$Ca(NO_3)_2·4H_2O$	556	甘氨酸	2
KH_2PO_4	170	K_2SO_4	99	烟酸	1
$CaCl_2·2H_2O$	96	$ZnSO_4·7H_2O$	8.6	盐酸硫胺素	1
$MgSO_4·7H_2O$	370	H_3BO_3	6.2	盐酸吡哆醇	1
$FeSO_4·7H_2O$	27.8	$Na_2MoO_4·2H_2O$	0.25	肌醇	100
Na_2-EDTA	37.3	$CuSO_4·5H_2O$	0.25	蔗糖	$20\ \text{g·L}^{-1}$
$MnSO_4·4H_2O$	22.5			琼脂	$4.8\ \text{g·L}^{-1}$

C16　NT 培养基（Nagata 和 Takebe，1971）

成分	含量/ (mg·L^{-1})	成分	含量/ (mg·L^{-1})	成分	含量/ (mg·L^{-1})
NH_4NO_3	825	$MnSO_4·4H_2O$	22.3	肌醇	100
KNO_3	950	$ZnSO_4·7H_2O$	8.6	甘露醇	0.7（mol·L^{-1}）
KH_2PO_4	680	H_3BO_3	6.2	盐酸硫胺素	1
$CaCl_2·2H_2O$	220	KI	0.83	蔗糖	10 000
$MgSO_4·7H_2O$	1 233	$Na_2MoO_4·2H_2O$	0.25		
$FeSO_4·7H_2O$	27.8	$CuSO_4·5H_2O$	0.025		
Na_2-EDTA	37.3	$CoCl_2·6H_2O$	0.025	pH	5.8

C17　MT 培养基（Murashige 和 Tucker，1969）

成分	含量/ (mg·L^{-1})	成分	含量/ (mg·L^{-1})	成分	含量/ (mg·L^{-1})
NH_4NO_3	1 650	$MnSO_4·4H_2O$	22.3	肌醇	100
KNO_3	1 900	$ZnSO_4·7H_2O$	8.6	甘氨酸	100
KH_2PO_4	170	H_3BO_3	6.2	盐酸硫胺素	10
$CaCl_2·H_2O$	440	KI	0.83	盐酸吡哆醇	10
$MgSO_4·7H_2O$	370	$Na_2MoO_4·2H_2O$	0.25	烟酸	5
$FeSO_4·7H_2O$	27.8	$CuSO_4·5H_2O$	0.025	维生素 C	2
Na_2-EDTA	37.3	$CoCl_2·6H_2O$	0.025	蔗糖	50 000

C18　Nitsch 培养基（1951，用于传粉后子房培养）

成分	含量/ （mg·L⁻¹）	成分	含量/ （mg·L⁻¹）	成分	含量/（g·L⁻¹）
$Ca(NO_3)_2 \cdot 4H_2O$	500	$MnSO_4 \cdot 4H_2O$	3	蔗糖	20
KNO_3	125	$ZnSO_4 \cdot 7H_2O$	0.05	琼脂	10
KH_2PO_4	125	H_3BO_3	0.5		
$MgSO_4 \cdot 7H_2O$	125	$Na_2MoO_4 \cdot 2H_2O$	0.025		
柠檬酸铁	10	$CuSO_4 \cdot 5H_2O$	0.025	pH	6.0

C19　改良 Nitsch 培养基（1969，用于传粉后子房培养。）

成分	含量/ （mg·L⁻¹）	成分	含量/ （mg·L⁻¹）	成分	含量/ （mg·L⁻¹）
$Ca(NO_3)_2 \cdot 4H_2O$	500	$ZnSO_4 \cdot 7H_2O$	0.05	盐酸硫胺素	0.25
KNO_3	125	H_3BO_3	0.5	盐酸吡哆醇	0.25
KH_2PO_4	125	$Na_2MoO_4 \cdot 2H_2O$	0.025	烟酸	1.25
$MgSO_4 \cdot 7H_2O$	125	$CuSO_4 \cdot 5H_2O$	0.025	蔗糖	50 g·L⁻¹
柠檬酸铁	10	甘氨酸	7.5	琼脂	7 g·L⁻¹
$MnSO_4 \cdot 4H_2O$	3	泛酸钙	0.25	pH	6.0

C20　GD 培养基（Gresshoff 和 Doy，1972，用于松树组织培养。）

成分	含量/ （mg·L⁻¹）	成分	含量/ （mg·L⁻¹）	成分	含量/ （mg·L⁻¹）
NH_4NO_3	1 000	$ZnSO_4 \cdot 7H_2O$	3	甘氨酸	0.4
KNO_3	1 000	H_3BO_3	3	盐酸硫胺素	1
KH_2PO_4	300	KI	0.8	盐酸吡哆醇	0.1
$Ca(NO_3) \cdot 4H_2O$	347	$Na_2MoO_4 \cdot 2H_2O$	0.25	烟酸	0.1
$MgSO_4 \cdot 7H_2O$	35	$CuSO_4 \cdot 5H_2O$	0.25	肌醇	10
$FeSO_4 \cdot H_2O$	27.8	$CoCl_2 \cdot 6H_2O$	0.25	蔗糖	30 g·L⁻¹
Na_2-EDTA	37.3	KCl	65	琼脂	10 g·L⁻¹
$MnSO_4 \cdot H_2O$	10			pH	5.8

C21　T 培养基（Bourgin 和 Nitsch，1967，用于烟草花粉植株和各类再生植株的壮苗培养。）

成分	含量/ （mg·L⁻¹）	成分	含量/ （mg·L⁻¹）	成分	含量/ （mg·L⁻¹）
NH_4NO_3	1650	$FeSO_4 \cdot 7H_2O$	27.8	$Na_2MoO_4 \cdot 2H_2O$	0.25
KNO_3	1 900	Na_2-EDTA	37.3	蔗糖	10 g·L⁻¹
KH_2PO_4	170	H_3BO_3	10	琼脂	8 g·L⁻¹
$CaCl_2 \cdot 2H_2O$	440	$CuSO_4 \cdot 5H_2O$	0.025	pH	6.0
$MgSO_4 \cdot 7H_2O$	370	$MnSO_4 \cdot 4H_2O$	25		

C22　CC 培养基（Potrykus，1979）

成分	含量/ ($mg \cdot L^{-1}$)	成分	含量/ ($mg \cdot L^{-1}$)	成分	含量/ ($mg \cdot L^{-1}$)
NH_4NO_3	640	$ZnSO_4 \cdot 7H_2O$	5.76	烟酸	6
KNO_3	1 212	H_3BO_3	3.1	盐酸硫胺素	8.5
KH_2PO_4	136	KI	0.83	盐酸吡哆醇	1
$CaCl_2 \cdot 2H_2O$	588	$Na_2MoO_4 \cdot 2H_2O$	0.24	甘氨酸	2
$MgSO_4 \cdot 7H_2O$	247	$CuSO_4 \cdot 5H_2O$	0.025	椰子乳	100
$FeSO_4 \cdot 7H_2O$	27.8	$CoO_4 \cdot 7H_2O$	0.028	蔗糖	20 $g \cdot L^{-1}$
Na_2-EDTA	37.3	肌醇	90		
$MnSO_4 \cdot 4H_2O$	11.5	甘露醇	36 430	pH	5.8

C23　NB 培养基

成分	含量/ ($mg \cdot L^{-1}$)	成分	含量/ ($mg \cdot L^{-1}$)	成分	含量/ ($mg \cdot L^{-1}$)
KNO_3	2 830	$ZnSO_4 \cdot 7H_2O$	2	盐酸吡哆醇	0.5
$(NH_4)_2SO_4$	463	H_3BO_3	3	盐酸硫胺素	1
KH_2PO_4	400	KI	0.75	烟酸	0.5
$CaCl_2 \cdot 2H_2O$	166	$Na_2MoO_4 \cdot 2H_2O$	0.25	蔗糖	50 $g \cdot L^{-1}$
$MgSO_4 \cdot 7H_2O$	185	$CuSO_4 \cdot 5H_2O$	0.025	琼脂	8 $g \cdot L^{-1}$
$FeNa_2$-EDTA	28	$CoCl_2 \cdot 6H_2O$	0.025		
$MnSO_4 \cdot 4H_2O$	10	甘氨酸	2	pH	5.8

C24　MB 培养基

成分	含量/ ($mg \cdot L^{-1}$)	成分	含量/ ($mg \cdot L^{-1}$)	成分	含量/ ($mg \cdot L^{-1}$)
NH_4NO_3	1 650	$MnSO_4 \cdot 4H_2O$	10	甘氨酸	2
KNO_3	1 900	$ZnSO_4 \cdot 7H_2O$	2	盐酸硫胺素	0.4
KH_2PO_4	170	H_3BO_3	3	盐酸吡哆醇	0.5
$CaCl_2 \cdot 2H_2O$	440	KI	0.75	烟酸	0.5
$MgSO_4 \cdot 7H_2O$	500	$Na_2MoO_4 \cdot 2H_2O$	0.25	肌醇	100
$FeSO_4 \cdot 7H_2O$	27.8	$CuSO_4 \cdot 5H_2O$	0.025	蔗糖	30 $g \cdot L^{-1}$
Na_2-EDTA	37.3	$CoCl_2 \cdot 6H_2O$	0.025	琼脂	8 $g \cdot L^{-1}$
				pH	5.8

C25　MSO 培养基（王友生，2006，用于紫苜蓿胚状体的分化。）

成分	含量/(mg·L^{-1})	成分	含量/(mg·L^{-1})	成分	含量/(mg·L^{-1})
NH$_4$NO$_3$	1 650	MnSO$_4$·4H$_2$O	10	甘氨酸	2
KNO$_3$	1900	ZnSO$_4$·7H$_2$O	2	盐酸硫胺素	0.4
KH$_2$PO$_4$	170	H$_3$BO$_3$	3	盐酸吡哆醇	0.5
CaCl$_2$·2H$_2$O	440	KI	0.75	烟酸	0.5
MgSO$_4$·7H$_2$O	370	Na$_2$MoO$_4$·2H$_2$O	0.25	肌醇	100
FeSO$_4$·7H$_2$O	27.8	CuSO$_4$·5H$_2$O	0.025	蔗糖	30 g·L^{-1}
Na$_2$-EDTA	37.3	CoCl$_2$·6H$_2$O	0.025	琼脂	8g·L^{-1}
				pH	5.8

C26　BM1 培养基（林治良，1996，用于番木瓜的离体培养体系的建立。）

成分	含量/(mg·L^{-1})	成分	含量/(mg·L^{-1})	成分	含量/(mg·L^{-1})
NH$_4$NO$_3$	825	ZnSO$_4$·7H$_2$O	8.6	盐酸硫胺素	10
KNO$_3$	950	H$_3$BO$_3$	6.2	盐酸吡哆醇	10
KH$_2$PO$_4$	85	KI	0.83	烟酸	5
CaCl$_2$·2H$_2$O	440	Na$_2$MoO$_4$·2H$_2$O	0.25	维生素 C	2
MgSO$_4$·7H$_2$O	370	CuSO$_4$·5H$_2$O	0.025	BA	0.5
FeSO$_4$·7H$_2$O	27.8	CoCl$_2$·6H$_2$O	0.025	NAA	0.2
Na$_2$-EDTA	37.3	肌醇	100	蔗糖	50g·L^{-1}
MnSO$_4$·4H$_2$O	22.3	甘氨酸	100		

C27　BM2 培养基（林治良，1996，用于建立番木瓜试管株系的离体快繁。）

成分	含量/(mg·L^{-1})	成分	含量/(mg·L^{-1})	成分	含量/(mg·L^{-1})
NH$_4$NO$_3$	1 650	ZnSO$_4$·7H$_2$O	8.6	盐酸硫胺素	10
KNO$_3$	1 900	H$_3$BO$_3$	6.2	盐酸吡哆醇	10
KH$_2$PO$_4$	170	KI	0.83	烟酸	5
CaCl$_2$·2H$_2$O	440	Na$_2$MoO$_4$·2H$_2$O	0.25	维生素 C	2
MgSO$_4$·7H$_2$O	370	CuSO$_4$·5H$_2$O	0.025	BA	0.5
FeSO$_4$·7H$_2$O	27.8	CoCl$_2$·6H$_2$O	0.025	NAA	0.1
Na$_2$-EDTA	37.3	肌醇	100	蔗糖	50g·L^{-1}
MnSO$_4$·4H$_2$O	22.3	甘氨酸	100		

C28 ZM 培养基（张望东，1994，用于杨树植株的再生。）

成分	含量/（mg·L⁻¹）	成分	含量/（mg·L⁻¹）	成分	含量/（mg·L⁻¹）
NH₄NO₃	1 650	H₃BO₃	6.2	谷氨酸	1
KNO₃	1 900	KI	0.83	2, 4-D	0.45
KH₂PO₄	170	Na₂MoO₄·2H₂O	0.25	激动素	0.1
CaCl₂·2H₂O	440	CuSO₄·5H₂O	0.025	盐酸硫胺素	0.4
MgSO₄·7H₂O	370	CoCl₂·6H₂O	0.025	盐酸吡哆醇	0.5
FeSO₄·7H₂O	27.8	肌醇	100	烟酸	0.5
Na₂-EDTA	37.3	甘氨酸	2	蔗糖	25g·L⁻¹
MnSO₄·4H₂O	22.3	天冬氨酸	1	琼脂	8g·L⁻¹
ZnSO₄·7H₂O	8.6	精氨酸	1	pH	5.8

C29 DCR 培养基（Gupta 和 Durzan，1985）

成分	含量/（mg·L⁻¹）	成分	含量/（mg·L⁻¹）	成分	含量/（mg·L⁻¹）
NH₄NO₃	400	MnSO₄·H₂O	22.3	肌醇	200
KNO₃	340	ZnSO₄·7H₂O	8.6	甘氨酸	2
Ca(NO₃)₂·4H₂O	556	H₃BO₃	6.2	NAA	0.5
KH₂PO₄	170	KI	0.83	盐酸硫胺素	1.0
CaCl₂·2H₂O	85	Na₂MoO₄·2H₂O	0.25	盐酸吡哆醇	0.5
MgSO₄·7H₂O	370	CuSO₄·5H₂O	0.25	蔗糖	30g·L⁻¹
FeSO₄·7H₂O	27.8	CoCl₂·6H₂O	0.025		
Na₂-EDTA	37.3	NiCl₂	0.025		

附录 D　　组织培养中常用植物激素、生长调节物质等

中文名	英文名	缩写	溶剂	液体试剂的储存
脱落酸	Abscisic acid	ABA	NaOH	0 ℃，现用现配
腺嘌呤	Adenine	ADE	H_2O	0～5 ℃
6-苄基氨基嘌呤	6-Benzy laminopurine	6-BA	HCl/NaOH	常温，2 月
油菜素内酯	Brassinolide	BL（BR）	乙醇	0～5 ℃
矮壮素	Chlorocholine chloride	CCC	H_2O	常温
2,4-二氯苯氧乙酸	2,4-Dichlorophenoxyacetic	2,4-D	NaOH	常温，3 月
赤霉素	Gibberelin	GA	乙醇	0 ℃，现用现配
吲哚乙酸	Indole-3-acetic acid	IAA	乙醇/NaOH	0 ℃，1 周
茉莉酸	Jasmonic acid	JA	乙醇	常温
激动素	Kinetin	KIN（KT）	HCl/NaOH	0 ℃，2 月
萘乙酸	a -Naphthaleneacetic acid	NAA	NaOH	0～5 ℃，1 周
玉米素	Zeatin	ZEA（ZT）	NaOH	0 ℃
秋水仙素	Colchicine		H_2O	0 ℃
维生素（A, D_3, B_{12}）			乙醇	0 ℃

参考文献

[1] 魏道智. 普通生物学实验指导[M]. 北京：中国农业出版社，2015.

[2] 王元秀. 普通生物学实验指导[M]. 2 版. 北京：科学工业出版社，2016.

[3] 赵丽辉，王清爽. 普通生物学实验[M]. 北京：北京理工大学出版社，2018.

[4] 彭玲. 普通生物学实验[M]. 武汉：华中科技大学出版社，2006.

[5] 苍晶，赵会杰. 植物生理学实验教程[M]. 北京：高等教育出版社，2013.

[6] 王小菁. 植物生理学[M]. 8 版. 北京：高等教育出版社，2019.

[7] 许良政，刘惠娜. 植物生理学实验教程[M]. 北京：科学出版社，2022.

[8] 李玲，李娘辉，蒋素梅，等. 植物生理学模块实验指导[M]. 北京：科学出版社，2009.

[9] 高俊凤. 植物生理学实验指导[M]. 北京：高等教育出版社，2006.

[10] 李胜，马绍英. 植物生理学实验[M]. 2 版. 北京：高等教育出版社，2022.

[11] 韩玉珍，张学琴. 植物生理学实验[M]. 北京：科学出版社，2021.

[12] 刘萍，李明军. 植物生理学实验[M]. 2 版. 北京：科学出版社，2016.

[13] 王镜岩，朱圣庚，徐长法. 生物化学教程[M]. 北京：高等教育出版社，2008.

[14] 蔡庆生. 植物生理学实验[M]. 北京：中国农业大学出版社，2013.

[15] 路文静，李奕松. 植物生理学实验教程[M]. 2 版. 北京：中国林业出版社，2017.

[16] 侯福林. 植物生理学实验教程[M]. 3 版. 北京：科学出版社，2015.

[17] 潘建斌，冯虎元. 植物学实验指导[M]. 兰州：兰州大学出版社，2021.

[18] 陈叶，马银山. 植物学实验指导[M]. 兰州：兰州大学出版社，2021.

[19] 马三梅，王永飞. 植物生物学[M]. 北京：科学出版社，2017.

[20] 刘文哲. 植物学实验[M]. 北京：科学出版社，2015.

[21] 巩振辉，申书兴. 植物组织培养[M]. 3 版. 北京：化学工业出版社，2022.

[22] 李胜，杨德龙. 植物组织培养[M]. 2 版. 北京：中国林业出版社，2020.

[23] 王娜. 植物学实验[M]. 北京：化学工业出版社，2022.

[24] 吴相钰. 陈阅增普通生物学[M]. 4 版. 北京：高等教育出版社，2014.

[25] HILLE B. Ion channels of excitable membranes[M]. 3rd ed., Sinauer Associates Inc. Sunderland MA, 2001：66-236.

[26] 陈军. 膜片钳实验技术[M]. 北京：科学出版社，2001.